農産物市場開放と日本農業の進路

牛肉・オレンジ・米，GATT ウルグアイラウンドから TPP へ

Trade Liberalization of Agricultural Products and Future of Agriculture in Japan: Beef, Oranges and Rice, from GATT Uruguay Round to TPP

川久保 篤志
Kawakubo Atsushi

筑波書房

目　次

序論 ………………………………………………………………………………… *1*

　1．問題の所在 …… *1*

　2．従来の研究 …… *3*

　3．本書の枠組みと構成 …… *8*

第1部　高付加価値食品（牛肉・オレンジ・米）の市場開放と日本農業の
**　　　　再編** ……………………………………………………………………… *13*

第1章　牛肉輸入自由化と肉用牛産地の地域的再編 ……………………… *15*

　Ⅰ．はじめに …………………………………………………………………… *15*

　Ⅱ．1980年代以降の牛肉輸入の増加と肉用牛飼養の再編 ……………… *16*

　　1．牛肉の輸入動向 …… *16*

　　2．肉用牛飼養の再編 …… *18*

　Ⅲ．自由化後の肉用牛飼養の地域的盛衰 ………………………………… *19*

　　1．肉用牛飼養の地域的盛衰 …… *19*

　　2．乳用肥育経営の縮小と経営転換 …… *20*

　Ⅳ．牛肉輸入自由化による乳用肥育卓越産地の構造変化 ……………… *22*

　　1．北海道における肉用牛飼養の地域的特徴 …… *22*

　　2．士幌町における大規模肉用牛経営の成長と自由化への対応 …… *24*

　　3．足寄町における肉用牛経営の停滞と自由化への対応 …… *33*

　Ⅴ．小括 ………………………………………………………………………… *42*

第2章　オレンジ輸入自由化と柑橘産地の地域的再編 …………………… *45*

　Ⅰ．はじめに …………………………………………………………………… *45*

　Ⅱ．1980年代以降のオレンジ輸入の増加とみかん農業の再編 ………… *46*

　　1．オレンジの輸入動向 …… *46*

　　2．みかん農業の縮小再編 …… *48*

Ⅲ．自由化決定後の農政の転換と農協系果汁工場の経営悪化‥‥‥‥‥‥ *50*
1．みかん農業における保護農政の転換 ‥‥ *50*
2．農協系果汁工場の経営悪化とみかん産地への影響 ‥‥ *52*
Ⅳ．オレンジ輸入自由化による柑橘産地の縮小再編 ‥‥‥‥‥‥‥‥‥ *53*
1．自由化と柑橘産地の地域的盛衰 ‥‥ *53*
2．愛媛県西条市丹原町における自由化後の柑橘農業の変貌 ‥‥ *55*
Ⅴ．小括 ‥‥‥‥‥‥‥‥‥‥‥‥‥‥‥‥‥‥‥‥‥‥‥‥‥‥‥ *67*

第3章　米市場の部分開放による国産需要の圧迫と稲作の再編 ‥‥‥‥ *71*
Ⅰ．はじめに ‥‥‥‥‥‥‥‥‥‥‥‥‥‥‥‥‥‥‥‥‥‥‥‥‥ *71*
Ⅱ．MA制度下の米輸入と流通実態 ‥‥‥‥‥‥‥‥‥‥‥‥‥‥‥ *73*
1．米輸入の現状とMA制度 ‥‥ *73*
2．輸入米の流通実態と日本市場における地位 ‥‥ *75*
Ⅲ．MA導入後の米需給と国内における非主食用米の生産動向 ‥‥‥‥ *81*
1．近年の米生産の動向 ‥‥ *81*
2．非主食用米の増産と地域的差異 ‥‥ *82*
Ⅳ．米加工業者における原料米調達の実態と国産需要 ‥‥‥‥‥‥‥‥ *86*
1．加工用米の需要と加工業者の原料米調達の現状 ‥‥ *86*
2．飼料メーカーにおける原料調達と国産米需要 ‥‥ *89*
3．米粉製品メーカーの事業展開の現状と課題 ‥‥ *93*
Ⅴ．小括 ‥‥‥‥‥‥‥‥‥‥‥‥‥‥‥‥‥‥‥‥‥‥‥‥‥‥‥ *95*

第2部　対日農産物輸出の拡大と海外産地の生産・流通構造の変化‥‥‥‥ *99*

第4章　対日牛肉輸出の拡大と豪州の肉用牛・牛肉産業の地域的展開 ‥‥ *101*
Ⅰ．はじめに ‥‥‥‥‥‥‥‥‥‥‥‥‥‥‥‥‥‥‥‥‥‥‥‥‥ *101*
Ⅱ．豪州における対日牛肉輸出の本格化と牛肉生産の変化‥‥‥‥‥‥ *103*
1．豪州の牛肉生産と輸出の動向 ‥‥ *103*
2．対日輸出の本格化による牛肉生産の変化 ‥‥ *104*
Ⅲ．対日牛肉輸出の停滞と肉用牛・牛肉生産の新展開 ‥‥‥‥‥‥‥ *108*
1．日本市場の停滞と需要の変化 ‥‥ *108*
2．フィードロット経営の変化と肉用牛飼養地域 ‥‥ *110*
Ⅳ．1990年代以降の豪州における肉用牛・牛肉関連産業の地域的展開 ‥‥ *113*

　　1．穀物肥育牛肉生産の拡大と波及効果 …… *114*

　　2．輸出環境の変化と牛肉産業の地域的再編 …… *117*

　Ⅴ．小括 ……………………………………………………………………… *120*

第5章　対日オレンジ輸出の拡大と米国カリフォルニア州の柑橘産地の

　　　　地域的再編 ……………………………………………………………… *123*

　Ⅰ．はじめに ………………………………………………………………… *123*

　Ⅱ．米国におけるオレンジ輸出の動向と柑橘産地 ……………………… *125*

　　1．オレンジ輸出の動向と日本市場 …… *125*

　　2．米国の柑橘産地の地域的特徴 …… *127*

　Ⅲ．1980年代以降のカリフォルニア州における柑橘生産の地域的動向 …… *128*

　　1．柑橘生産の動向 …… *128*

　　2．主要な柑橘産地と地域的動向 …… *130*

　　3．パッキングハウス企業の立地移動と日本市場への適応 …… *133*

　Ⅳ．南カリフォルニア地域における柑橘栽培の衰退と日本の輸入動向との関係

　　　 ……………………………………………………………………………… *136*

　　1．南CA地域における柑橘栽培の衰退要因 …… *136*

　　2．自由化後の日本市場の変化と南CA地域への影響 …… *137*

　　3．南CA地域の柑橘産地の再編方向 …… *141*

　Ⅴ．小括 ……………………………………………………………………… *145*

第6章　対日米輸出の開始と米国カリフォルニア州の稲作の再生 ………… *149*

　Ⅰ．はじめに ………………………………………………………………… *149*

　Ⅱ．米国における米輸出の動向と米産地 ………………………………… *151*

　　1．米輸出の動向と日本市場 …… *151*

　　2．米国の米産地の地域的特徴 …… *152*

　Ⅲ．1980年代以降のカリフォルニア州の稲作と市場の拡大 …………… *154*

　　1．米の生産動向と品種の盛衰 …… *154*

　　2．市場の拡大とその要因 …… *157*

　Ⅳ．カリフォルニア州における稲作の産地構造と対日輸出の影響 ……… *159*

　　1．稲作中心地の概要 …… *159*

　　2．サクラメントバレーの自然条件と栽培品種の地域差 …… *161*

　　3．精米業者の立地と経営概要 …… *165*

4．対日輸出の開始と稲作の再生 …… *167*

Ⅴ．小括 ……………………………………………………………………… *168*

第3部　日本の農産物市場開放が国内外の農業・食料貿易に及ぼした影響

……………………………………………………………………………………… *173*

第7章　農産物市場開放後の日本農業の現状
―生産力の減退と構造改革の進展― ……………………………………… *175*

Ⅰ．市場開放後の肉用牛飼養および柑橘農業・稲作の現状 ……………………… *175*

Ⅱ．市場開放にともなう経営構造の改革の積極的側面 ………………………… *179*

第8章　対日輸出国における農業・食料貿易の変化と歴史的評価
―高付加価値食品の対日輸出を巡って― ……………………………… *185*

Ⅰ．対日輸出国における高付加価値食品の生産・流通構造の変化 ………… *185*

Ⅱ．対日輸出国における日本市場の開拓と適応の歴史的評価 ………………… *188*

Ⅲ．グローバル食料貿易における日本の新しい役割 ……………………… *191*

結論 …………………………………………………………………………… *195*

補論―ポストコロナの日本農業― ……………………………………… *201*

注 ……………………………………………………………………………… *207*

文献 …………………………………………………………………………… *219*

あとがき ……………………………………………………………………… *229*

序論

1．問題の所在

　世界最大の農産物純輸入国といわれる日本。世界的な食料危機に備えた安全保障の観点から自給率の低さが懸念される日本。これまで，日本の食料供給を巡る問題提起は様々になされながらも，先進工業国として自由貿易を推進する政策の下で，農業の位置づけは高まることなく推移してきた。そのような中，21世紀に入って日本の食料供給を巡る農産物輸入と農業との関係は新たな段階に入った感がある。

　第二次世界大戦後（以下，戦後）における日本の主要農産物の輸入量と自給率の推移を食料需給表で概観すると，変動の大きかった品目の特徴から大きく3期に区分できる。第1期は1980年代半ばまでで，小麦・トウモロコシに代表される「米以外の穀物」と大豆に代表される「豆類」を中心に輸入量が急増したことに特徴がある。これは，1960年の貿易為替自由化大綱に基づき農産物の輸入自由化を推進したことが背景にあり，農業基本法（1961年）で選択的拡大部門に位置づけられた野菜・果樹・畜産（肉類・乳製品）の自給率は80％以上で維持されたものの，米以外の穀物と豆類の自給率は1970年には10％前後にまで低下した。また，輸入相手国はアメリカ合衆国（以下，米国）が中心で，そのシェアは40％前後に達していた（農業白書より）。これは，米国が当時大量の余剰穀物を抱えていたことと，日米安保条約に謳われた「日米経済協力」に沿って米国の対外収支の悪化を改善することを強く要請されていたことが背景にある（井野，1985）。

　次に，第2期は1980年代後半から1990年代にかけてで，果実・野菜・肉類・乳製品など品目の多様化をともないながら輸入増が継続したことに特徴がある。これは，1985年以降の急激な円高にともなう内外価格差の拡大やGATT提訴を通じた米国の圧力で牛肉・オレンジなどの輸入自由化が行われたことが

大きく影響している。その結果，2000年には牛肉・果実の自給率は50%前後に，乳製品・野菜は70〜80%に低下した。また，輸出相手国の多様化も進み，中国をはじめとするアジア諸国の比重が高まったが，これは輸送・保存技術の発達で鮮度保持が可能になった野菜や労働集約的な魚介類・食肉の加工品の供給元として，これらの地域が注目されたことによる。

　最後に，第3期は2000年以降で，輸入量が減少に転じたことに大きな特徴がある。その中心は米以外の穀物と豆類だが，果実・野菜も減少傾向にあり，他の品目もほとんど増加していない。また，輸入量と自給率の連動性が弱まっている点にも特徴があり，果実・野菜では輸入減にも関わらず，自給率は回復していない。この背景には，少子高齢化による消費市場の縮小があると考えられるが，農村の側にも高齢化する労働力の下では輸入品の減少に乗じて農業生産を回復させるまでの力が，もはやないことを示唆している。

　戦後の日本農業の盛衰を振り返ると，農地は減反の始まった1970年代から減少の一途を辿り，労働力基盤は農産物輸入があらゆる品目に及ぶようになった1980年代後半以降，急激に弱体化するようになった。農業産出額は，農業基本法で拡大部門に位置づけられた野菜・果樹・畜産の成長で急増してきたものの，1980年代後半をピークに大きく減少している。これは，第2期以降の市場開放の影響の大きさを示すと同時に，大量の農産物輸入を前提にしなければ安定した食料供給を維持できないことを意味している。

　このような中，日本は現在，主にどの国・地域からの輸入によって豊かな食生活を維持しているのか。一般に，欧米先進国は穀物の自給率が高く，嗜好品的な熱帯性作物や青果物を発展途上国から輸入する「南北貿易」的な傾向が強いとされ，多国籍アグリビジネスの展開とも相まって米国はラテンアメリカと，欧州はアフリカとの結びつきが強いとされている（中野編，1998；高柳，2006）。しかし日本の場合，アジア諸国からの輸入が増加した現在でも北米・欧州・オセアニアなど「先進国」からの輸入額が50%を超えており（食料・農業・農村白書より），品目的にも穀物・大豆が過半を占めている。これは，米国からの要請で，早くも1960年代に穀物・大豆など土地利用型品目の自給率維持を放棄したことと，1980年代後半以降に自由化等を契機に輸入が急増した肉類・乳製品や果実の一部（柑橘類・キウイ）は，加工技術や規格・品質

管理，食の安全性やブランドイメージと結びつく「高付加価値食品」[1]であり，北米・欧州・オセアニアからの輸入が多いことからきている。つまり，食料自給率を大きく下げながら先進国からあらゆる農産物を輸入するという日本的な特徴は，これまでの対米従属的な外交やGATT交渉で下してきた政治判断を強く反映しているのである。

　では，世論を二分しながらも幾多の貿易交渉を経て米以外の輸入自由化がほぼ完了した現在，日本の農業・農村は何を失い，何を得たのか。食料自給率と農業生産力の低下は負の遺産として自明だが，貿易立国としての国益や産業構造の高度化の観点では異なる評価も下せるのではないか。また，長らく農産物輸入大国であり続けたことで，世界の農産物貿易や対日輸出国にどのような影響を及ぼすことになったのか。過去半世紀にわたり先進国として類まれな経験をしてきた日本の農産物貿易と農業の軌跡を大局的な見地から総括し，これを踏まえて今後を展望することは，極めて意義深いと考えられる。そこで以下では，これまでの農産物市場開放を巡る議論，ならびに日本の大量の農産物輸入が世界に及ぼした影響に関する議論について整理する。

2．従来の研究

（1）農産物市場開放を巡る議論

　農産物市場開放を巡る議論は，日米貿易摩擦が激化し，日米二国間からGATTへと交渉の舞台を移す1980年代半ばから1990年代前半にかけて盛んに行われている。代表的なものとして，伊東（1984），井野（1985），田代（1987），宮下ほか編（1991），堀口ほか（1993）が挙げられるが，そこでは市場開放に反対する立場から主に以下のような議論がなされている。1つめは，米国の自由化圧力の不当性を論じるものである。そこでは，1970年代後半以降の相次ぐ自由化・輸入割当拡大要求の背景には，ソ連の穀物輸入先の多角化やECの共通農業政策の実施による米国の市場支配力の低下があるものの，問題の本質は日本の工業製品の集中豪雨的な輸出が巨額の対米貿易黒字を生み，貿易摩擦と呼ばれるまで激化したことにあると指摘し，工業製品の輸出のために農業を犠牲にすべきでないこと，農産物輸入の自由化を完遂しても貿易不均衡の改善は

微々たるものにとどまることが強調された。

2つめは，1980年代後半以降の相次ぐ自由化がもたらす深刻な影響に関する議論である。この時期に自由化されたのは牛肉・オレンジ・酪農製品等だが，輸入牛肉の増加は酪農や飼料作物とも結びついた乳用種肥育経営を圧迫するため影響が極めて大きいことや，オレンジと競合する柑橘類は傾斜地でも栽培されており，その衰退は農地の広範な荒廃に繋がりやすいことが指摘された。また，上記3品目は農業基本法で選択的拡大部門として位置づけられた成長品目で専業農家も多く，米の減反に絡んだ転作対象品目でもあったため，日本農政の成長戦略の放棄，一貫性のなさの現れとして厳しく批判している。

3つめは，1970年代末に始まり1980年代後半に最高潮に達した国内からの自由化圧力についてである。そこでは，財界や一部の労組・経済学者に端を発した農業不要論が，1980年代後半には急激な円高による内外価格差の拡大を背景に都市住民やサラリーマン層を巻き込み，農業過保護論や農産物割高論にまで達したことが指摘され，これに対して経済至上主義に流されることの危険性や食料安全保障の観点の必要性が説かれた。また，日本の大量輸入が世界的な食料価格の上昇を引き起こし，輸入に依存する途上国との間で摩擦が生じかねないことも問題視された。もっとも，小麦等の自給を放棄して久しい時期になってから食料安保論と米の全面禁輸を絡めることには異論もあり（武者小路ほか，1991），GATT等の国際交渉では世界的な気候変動や環境破壊，人口増などの観点から穀物自給を説くべきであり，不測の事態に備えて国内生産力を維持する上では土地・担い手・技術の継承がなされるような政策展開がより重要であるとの見解も出された。

一方，市場開放に賛成する議論としては，農業は先進国型産業であるとした叶（1981）の提言が議論を呼んだ。そこでは，市場原理の導入で競争が激化すると農地の流動化で規模拡大が進むことと，規模拡大が実現するとなれば優秀な人材が農業に参入し技術革新が進むということをプロセスとして提示した。また，そのような形で生まれた専業農家による高生産性農業が実現すれば，市場開放しても自給率はある程度維持できることを展望したが，多数派意見にはならなかった。しかし，TPPへの参加を巡って議論が盛り上がった近年は，TPPが日本農業の構造改革に結びつくとした議論も多い。例えば，山下（2016）

では，国内市場が高齢化・人口減で縮小する中で農業を維持・振興するには TPP に参加して海外市場へのアクセスを改善することが必須とし，減反を廃止すれば内外価格差がなくなるまで米価は下落するため，農家への直接支払いの必要性は部分的に認めながらも関税は不要になると指摘した。また，海外では日本産は品質面で高く評価されており，高品質・高付加価値の品目を輸出すれば農業生産は拡大する可能性があり，中でも国内需要を大幅に上回っている米の輸出拡大に期待が寄せられた。一方，浅川（2012）は TPP 参加で関税が撤廃されれば小麦・バター・砂糖・澱粉などの食材が適正な品質・価格で輸入できるようになり，創意工夫で競争力をつけた食品産業からの輸出が伸びるようになるとし，国内農業との提携で大きな波及効果が生まれることを指摘した。また，米の輸入は限定的なものにとどまる一方で，高品質な生鮮野菜や果物は世界的に需要が伸びつつあり，アジア諸国などへの輸出を有望視している。

　さらに，柴田（2012）も世界的に食糧需給が不安定化しつつあることに懸念を抱きながらも，TPP への参加は既得権益の打破を通じて農業改革の推進に繋がるとして支持している。具体的には，米を自由化しても世界的に短粒米の生産は限られているため輸入量は限定的である一方で，減反廃止で水田をフル活用すれば食糧危機への不安がなくなり，多面的機能も一層発揮されるようになるとしている。また，過剰生産された米は主食用以外に振り向けることも可能で，競争の激化で農家の創意工夫が促進されれば中国などアジア市場への輸出も伸びることが展望されている。

（2）日本の農産物輸入が世界に及ぼした影響に関する議論

　日本の農産物輸入と海外産地との関係を論じた研究は，これまで数多く蓄積されてきたが，その関心の中心が海外直接投資，もしくはアグリビジネスの活動にあったため，事例としてはアジア諸国に関するものが大半を占めている。また，アジア諸国への直接投資では対日輸出を前提にした，いわゆる「開発輸入」の形態をとることが多いため，その実態解明に力点を置いた論考が中心になっている。代表的なものとして，斎藤（1992），中野編（1998），大塚・松原編（2004），島田ほか編（2006）などが挙げられるが，そこでは直接投資の展開過程や成果および問題点について，主に以下のような議論がなされている。

　まず，直接投資の展開過程については，飼料用穀物の調達を目的として1970年代には始まっていたが，本格化したのは円高の進んだ1980年代後半からで，その背景には日本国内で加工食品や外食向けに安価な原料食材の需要が急速に高まったことが指摘された。アジア地域が選ばれたのは，冷凍野菜や食肉などの調整品は労働集約的であり，低賃金労働力の存在が求められたからで，委託生産や合弁事業のみならず子会社の設立も行われた。また，投資先としては中国が最も多く，野菜や米，養鶏など多彩な農産物の供給地となっているが，その背景には日本への近さに加えて国土が広く，多様な品目を周年供給できることがあった。次いで多いのは東南アジア諸国で，中でもタイは鶏肉とその調整品の製造が盛んで，水産品も視野に入れればエビ養殖の最大の基地となってきた。これは，タイには低賃金労働力が豊富で農水産資源に恵まれていることに加えて，政治経済的に安定していることが大きな要因であることも明らかにされた。

　次に，日本の直接投資がもたらした成果としては，雇用の創出や外貨の獲得に加えて，技術移転効果の大きさが指摘されている。開発輸入を目的とした投資では，日本の消費嗜好に適した農産物や加工品を生産するために種子の提供や栽培方法，食材の加工方法や品質管理，商品の規格や包装に至るまで技術指導を行うが，これらは進出先地域にはなかったものであり，農産物の品質向上や食品加工業の高度化に貢献したと評価している。

　一方，問題点としては，対日輸出向けに農業構造が変貌することで従来の食料需給に悪影響を及ぼすことや，環境破壊をもたらすことが指摘されている。また，残留農薬問題や疫病の発生で検疫上の禁輸が突発的に発生した場合，販売先を失った農産物が大量に発生する事態に直面する。対日輸出は高収益が期待できる一方で長期的な需要には不安定な面もあり，過度の依存には問題が多い[2]。さらに，水産物に対象を広げれば，200海里漁業専管水域の設定が進んだ1970年代以降に海外直接投資が急増し，サケ・マス・マグロ・エビ・ウナギなどが世界中から集められ，水産資源や海洋環境に大きな影響を及ぼしてきた。

　中でもエビの輸入量は1973年から世界一を誇っているが，輸出国にとって貴重な外貨獲得手段になる一方で，多くの国で様々な問題を引き起こしている

ことが報告されている（中野編，1998；豊田，2001；大塚，2005）。具体的には，トロール漁業による乱獲によって天然資源が激減し，地元の零細農民との対立が深まっていることや，養殖池として汽水域のマングローブ林が大規模に開発され，森林破壊や周辺農地の塩害を引き起こしたことなどである。また，生産性を高めるための高密度・多飼料給与による養殖は，水質悪化や病害の頻発を引き起こすため，養殖地としての寿命は短い。このため，輸入先は中国・台湾からタイ・フィリピン・インド・ベトナムへと広がりながら膨大な輸入量が維持されてきたが，それだけ環境破壊の連鎖が拡大されたということへの反省も必要といえる。

　アジア以外の発展途上国については，欧米系の多国籍アグリビジネスが中心となって大規模な開発が行われてきた歴史があり，日本企業単独の事業は目立っていない。しかし，日本はブラジルから大豆とオレンジ果汁を，チリからは柑橘類・ブドウなど果実を大量に輸入しており，これらの国で生じている過度の農地開発による森林破壊，輸出作物への栽培特化による主食の自給率低下，非開発地域の農民との間で生じた新たな貧富の格差といった問題に（中野編，1998；豊田，2001），間接的に関わっているといえる。一方，日本で高価なコーヒーの大量消費が継続していることは，欧州で盛んなフェアトレードに則った輸入を通じてタンザニアの経済開発に貢献しうることを意味し，日本の果たせる役割は決して小さくないことも指摘された（辻村，2004）。

　一方，欧米先進国に及ぼした影響としては，直接投資をともなう動きが少ないこともあり，牛肉・オレンジの自由化と絡めて米国や豪州への投資が紹介されている以外には，具体的な事例研究は管見の限り見つからない[3]。これは，欧米諸国には農産物の生産・流通・輸出を統合するアグリビジネスが既に存在し輸入がスムーズに行えていたことに加えて，アジア諸国のように日本への近接性や低賃金労働力の存在といった明確な進出動機がなかったことが大きい。ただし，世界的なスケールの食料貿易を政治経済学の視点から全体として把握しようとするフードレジーム論では，戦後の日本の農産物輸入の動向が世界貿易に及ぼした影響は決して小さくなかったことが指摘されている。フリードマン（2006）によると，穀物（小麦）と油糧作物（大豆）を中心に食糧の対米依存度が極めて高かった日本が1970年代半ばに輸入先の多元化を進めたこ

とで，第三世界で米国の農産物輸出大国としての地位を切り崩す勢力が現れたと評価している。また，これを機に米国を中心とした第二次フードレジーム[4]は崩壊し，日本はアジアへの投資を通じて新たな統合を形成して多元的な中心の１つになりつつあるとしている。

3．本書の枠組みと構成

（1）先行研究の論点と課題

　以上のように，農産物市場開放の是非を巡っては，1980 年代後半以降に「農業が工業製品輸出の犠牲になる必要はない」「成長してきた農業部門に壊滅的打撃を与える」「食料安保の観点から米の自給は不可欠である」など様々な反対論がありながらも，GATT ウルグアイラウンド（1986 ～ 1994 年）を経て米以外はほぼ全て自由化し，その後も関税削減と検疫条件の緩和が進められた。また，2015 年には TPP 交渉が妥結し，米国の批准は未だないものの，他の加盟国との間では牛肉・柑橘類の関税削減や撤廃，米の特別輸入枠の創設などの合意をみた。

　では，この間に市場開放に強く反対してきた部門，具体的には牛肉・オレンジ・米の生産や流通にはどのような影響が出たのか。産地は壊滅的な打撃を受け，国内生産は衰退してしまったのだろうか。生産量の増減で盛衰を判断するのは容易だが，少子高齢社会に突入した日本の現状を踏まえると，変貌した産地像に対する評価も異なったものになるのではないか。また，TPP 参加を契機に農業構造の改革を進める，中でも減反の廃止や輸出に活路を見出すべきという提言は妥当なのだろうか。農産物市場の開放の是非を巡る議論には極論とも思える分析や主張が多く，今一度様々な角度から検討し，現実的な展望を見出すべきであろう。

　一方，農産物輸入大国としての日本が世界に及ぼした影響については，1980年代後半以降に急増したアジア諸国からの開発輸入がもたらした功績と問題点が詳細に明かされた。また，南米やアフリカ諸国からの嗜好品を中心とした輸入も，間接的に大きな影響を及ぼしたことが指摘された。しかし，日本の農産物輸入の過半は現在でも北米・欧州・オセアニアの先進国からであり，輸入相

手国に及ぼした影響を全体として論じるには大きな地域的空白が残されている
といえる。また，輸入品目も1980年代後半以降は野菜・果実・畜産品などの
高付加価値食品の占める割合が高まっており，フードレジーム論で言及された
穀物や油糧作物の世界貿易における日本の役割を分析するのみでは，今や十分
とはいえない。また，1995年に部分的に始まった米の輸入も，日本人が主食
とする「ジャポニカ米」に関しては1990年代末より高級品として世界的にブ
ランド価値が高まっており[5]，高い栽培技術を要することや品質管理の難しさ，
先進国間での貿易が多いことなど，高付加価値食品の性格を有しているといえ
る。

（2）本研究の目的と分析視角

　以上のことから本研究では，「対先進国」と「高付加価値食品」をキーワー
ドとして日本の農産物貿易を多面的に分析するが，具体的には以下の3点を明
らかにすることを目的とする。1つめは，GATT ウルグアイラウンドを通じ
て本格化した高付加価値食品（牛肉・オレンジ・ジャポニカ米[6]）の市場開放
（輸入割当拡大・自由化）が日本農業に及ぼした影響の検証である。市場開放
を巡っては様々な議論や予想がなされてきたが，結果はどうなったのか。1980
年代後半以降の牛肉・柑橘・米の主要産地における生産動向と経営構造の変化
について検討する。2つめは，日本の大量の高付加価値食品の輸入が相手国に
及ぼした影響を明らかにすることである。1980年代後半以降に対日輸出を大
きく伸ばした米国・豪州では，牛肉・オレンジ・米の生産と流通にどのような
変化がみられたのか検討する。3つめは，日本の高付加価値食品の市場開放が
世界の農産物貿易にもたらした影響（日本の消費市場が果たした役割）を明ら
かにすることである。そしてその上で，日本農業の目指すべき進路ならびに将
来像の提示を試みる。国内生産力・農業労働力基盤の低下によって輸入農産物
なしでは立ち行かなくなった現在，自給率の問題をどう位置づけるのか。現在
は，TPP の発効も踏まえて貿易問題と農政のあり方について大局的に議論す
べき時期だと考えられる。

　次に，本研究では上記の目的を達成するために，以下の3点を分析視角とし
て重視する。1つめは，双方向的な観点から貿易の影響を分析することである。

貿易は輸出入国の双方に対して作用・反作用を生ぜしめる現象であり，それは生産量の増減だけでなく農業経営の転換となって現れる。また，輸出（輸入）超過側にのみ一方的に利益（不利益）がもたらされるわけでもない。この点は，アグリビジネスに焦点を当てる研究では企業行動が日本と進出先の双方の農業地域に与える影響を包括的に解明する必要があるとした後藤（2013）の視点とも通じる部分である。2つめは，貿易が当事国にもたらした影響を検討する際，産地の盛衰や立地移動に分析の中心をおきつつも，農産物の流通・消費にみられた変化についても留意することである。貿易が基本的に当事国にない商品の流通である以上，消費市場に及ぼす影響は輸出入国双方の側に生じざるを得ないからである。3つめは，日本を中心に大局的な見地から世界の農産物貿易を捉え直すことである。フードレジーム論の観点は欧米の農産物輸出国を中心とした理解に基づくものであり，商品連鎖アプローチで描かれる農産物・食料の連鎖の地理的パターンは中核（先進国）と周辺（途上国）の経済格差に焦点が当てられており（荒木，2007），いずれの議論でも対先進国貿易に特徴のある日本の位置づけは不十分である。穀物・油糧作物に加えて，先進国間貿易を特徴づける高付加価値食品の輸入大国にもなった日本の特殊な地位を世界の農産物貿易の中に位置づけ，その歴史的な役割を提示することは極めて意義深いと考えられる。

　なお，本研究の分析対象期間は1985年から概ね自由化20年後，具体的には牛肉・オレンジは2010年頃まで，米は2015年頃までとする。ただし現地調査の関係上，オレンジ・柑橘類の事例分析はより早い時期を対象としたものになっていることをお断りしておく。

（3）本研究の構成

　本研究は，序論に引き続き，第1部から第3部まで，および結論とでなっている。その具体的な内容は以下の通りである。

　まず，第1部では日本において，高付加価値食品としての牛肉・オレンジ・米の市場開放が，それぞれの農業経営と産地の再編ならびに農政の転換に及ぼした影響について，マクロ・ミクロの両面から分析を行う。ここで留意したのは，牛肉については乳用種肥育経営の卓越する産地への影響（第1章），オレ

ンジについては加工向けみかんの出荷割合の高い産地への影響である（第2章）。また，米についてはミニマムアクセス（最低輸入義務）という特殊な輸入制度が，国内の米流通や需給全般にどのような影響を及ぼしているのかに注目し，今後の稲作のあり方を農政の転換と絡めて展望した（第3章）。

　第2部では，第1部で取り上げた3つの高付加価値食品の輸入拡大が対日輸出国の農牧業および加工・流通部門に及ぼした影響について分析を行う。ここで留意したのは，牛肉については日本市場の消費嗜好に適した商品づくりが肉用牛・牛肉産業の立地展開に及ぼした影響（第4章），オレンジについては自由化後の日本市場の消費嗜好の変化と需要減が柑橘産地の再編に及ぼした影響である（第5章）。また，米についてはミニマムアクセス制度の下で安定的に確保された対日輸出量が，輸出依存型のジャポニカ米産地にどのような変化をもたらしたのかについて注目した。

　第3部では，高付加価値食品の農産物市場開放が日本および相手国の農業生産や流通・消費部門に及ぼした影響について総括する。ここで留意したのは，農産物市場開放を経て再編された日本の農業構造の姿を積極的な側面からも検討すること（第7章），および対日輸出の拡大と同時に進められた日本市場の消費嗜好へ適応が海外産地にもたらした意義である（第8章）。

　そして最後に，結論として本研究で得られた成果を踏まえて，将来の日本の食料供給のあり方や農業の進路，政策の方向性について展望する。

第1部

高付加価値食品（牛肉・オレンジ・米）の
市場開放と日本農業の再編

　第1部では，高付加価値食品（牛肉・オレンジ・米）の市場開放が国内産地に及ぼした影響について考察する。牛肉・オレンジ生果は1991年，オレンジ果汁は1992年に輸入自由化が実施され，米は1995年にミニマムアクセス（最低輸入機会）を受け入れる形で部分的に市場開放を行った。

　そこで以下では，牛肉・オレンジについては輸入量が急増する1980年代半ば以降について，自由化を巡る議論や自由化直後の動きを踏まえながら，自由化後の輸入急増が当該品目の需給や政策対応に及ぼした影響について考察する。そして，その結果として国内産地がどのように再編されたかを事例研究を通じて明らかにする。また，米については市場開放前の議論を踏まえながら，1995年のミニマムアクセス導入後の輸入米の国内流通の実態と国産米の需給に及ぼしている影響について考察する。そして，ミニマムアクセスならではの特徴を念頭に置きながら，今後の米の生産・流通のあり方を農政の展開と絡めて検討する。

第1章

牛肉輸入自由化と肉用牛産地の地域的再編

Ⅰ．はじめに

　本章では，1991年に自由化が実施された牛肉の輸入増が肉用牛産地に及ぼした影響について検討する。牛肉は1970年代初頭までに自由化された鶏肉・豚肉とは異なり，輸入量は長らく限定的であり，かつ用途も加工用・外食向けが中心であった。しかし，1980年代に入って日米貿易摩擦が激化する中で輸入割当が急激に増加し，1988年には3年後の自由化を決定するに至った。

　牛肉の輸入自由化を巡っては，1980年代以降に様々な議論がなされてきた。中には，輸入量は増加しても牛肉需要は伸びているので飼養頭数の減少には結びつかず，価格の下落も経営の合理化で耐えうる水準にとどまるという見解もあったが（唯是，1982），多くは深刻な影響を懸念するものであった。それは，牛肉・肉用牛相場の下落が負債を抱えた農家や肥育用素牛を提供する酪農家に及ぼす影響が大きいこと（田中，1982；伊東，1984），肉用牛飼養の減退で飼料栽培や牧草放牧地の維持ができなくなり食糧危機時の食料生産のバックアップ機能を失うこと（進藤，1985），自由化後に輸入牛肉の品質が向上して国産牛肉との差が縮小する可能性があること（新山，1988），などであった。また，自由化決定以降の動きとして，日本企業が家庭消費向け牛肉の生産を念頭に海外で現地生産に乗り出していることが指摘され，輸入牛肉と質的に近い乳用種牛肉はスーパー等で低価格競争に晒されることが示唆された（日本興行銀行調査部編，1989）。

　一方，自由化実施1年後の経過報告では，乳用種牛肉の価格下落が著しいことが特筆された。この要因として，加工・外食部門向けの安価な牛肉需要は1990年までの輸入割当の増加過程で飽和し，自由化後は家庭消費部門への参入が本格化したことが挙げられたが（森島，1992a），その背景には日系企業

が海外で穀物肥育牛肉の生産とチルド流通に携わることで，輸入牛肉の品質
が乳用種牛肉と競合しうる水準に達していることがあった（服部，1992；森，
1992）。これを受けて，酪農では和牛の種付けを増やし交雑種の素牛販売に転
換する農家が増加し（長澤，1992；森島，1992a），乳用種雄牛の肥育（以下，
乳用肥育）を行う経営では小規模農家の廃業と大規模農家の増加，すなわちコ
ストダウンによる生き残りを図る動きがみられた（鈴木，1992；茅野，1992）。
また，輸入牛肉との価格競争に巻き込まれないためには，枝肉の格付でB3以
上を目指すことが不可欠との展望が出された（茅野，1992；服部，1992）。

　では，自由化後の牛肉輸入はどのように推移し，国内の肉用牛産地の再編に
どのような影響を及ぼしたのか。本章では，自由化直後に価格暴落に直面した
乳用肥育経営のその後に焦点を当てて，分析を行う。またその際，自由化後に
牛肉の需要がどのように変化したのか，肉用牛農家がコストダウンと品質向上
のどちらを重視して安価な輸入牛肉の増加に対応したのかに留意する。

　手順としては，まず1980年代以降の牛肉の輸入動向を検討し，国内の肉用
牛飼養の変化との関連について考察する。次に，自由化後の肉用牛産地の盛衰
を品種（肉用種・乳用種）別・地域別に検討し，市場開放の影響を分析する上
での論点を整理する。そして最後に，牛肉の輸入動向や需要の変化が，どのよ
うな形で農家経営に影響を及ぼし産地の再編が進んだのかを，乳用肥育経営の
卓越する産地を事例に明らかにする。

Ⅱ. 1980年代以降の牛肉輸入の増加と肉用牛飼養の再編

1. 牛肉の輸入動向

　第1-1図に示したように，牛肉の輸入量は1980年代後半以降の輸入割当量
の拡大に歩調を合わせて増加し，自由化後も2000年に72万トンというピーク
を迎えるまでほぼ一貫して増加し続けた。自由化が決定した1988年時点の26
万トンと比べると10年余りで3倍近くまで増加したことになり，自由化前の
予想（唯是，1982）を上回る結果となった。これは，外食産業の成長やスーパー
等で家庭用の販売が定着したからだが，その背景には対日輸出国が，牛丼用の
バラ肉やステーキ用のロインをリーズナブルな価格で安定供給する体制を整え

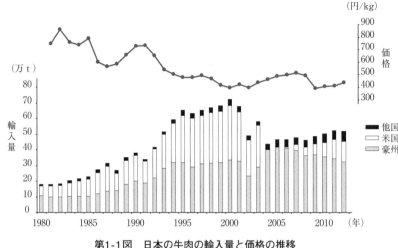

第1-1図　日本の牛肉の輸入量と価格の推移
資料：日本貿易月表

たことがあった。一方，価格は輸入量の増加にともない大きく下落し，自由化
前に kg 当たり 700 円前後だったのが，2000 年には 400 円を下回るまでになっ
た。これは自由化前の予想を超える下落幅で，低価格帯の国産牛肉の販売は苦
境に陥った。

　しかし，2001 年秋に日本で発生した BSE 問題は，このような趨勢を一変さ
せた。すなわち，牛肉の安全性への不安から消費量が大幅に減少し，輸入量も
大きく減少したのである。また，2003 年末には米国での BSE 感染牛の発見に
ともない禁輸や輸入制限措置が取られたため，輸入量は 40 万トン台にまで減
少してしまった。その後，米国からの輸入制限は解かれたが需要は大きくは改
善せず，2010 年代は 50 万トン台で推移している。また，価格も米国産の輸入
量が制限されていた時期に若干上昇したものの，もはや自由化前の水準に戻る
ことは非現実的な状況にある（**第 1-1 図**）。

　一方，輸入相手国は自由化後 20 年以上が経過した現在でも豪州・米国の 2 ヶ
国で 90 ％近くを占めており，大きな変化はない。これは，口蹄疫汚染国から
は輸入しないという検疫制度とも絡んでおり，米国の対日輸出量は自由化決定
時の約 11 万トンから 2000 年には 35 万トンへと急増し，BSE 問題によって一
時的に激減したものの現在は 20 万トンに迫る量まで回復している。したがっ

て，1980年代に自由化を強く迫った外交努力は功を奏したといえるだろう。

2．肉用牛飼養の再編

　では，自由化後に予想以上に低価格な牛肉の大量輸入が継続する中で，国内の肉用牛飼養はどのような影響を受けたのか。**第1-2図**は，1970年代以降の肉用牛飼養頭数と枝肉価格の推移を肉用種・乳用種別に示したものである。これによると，肉用牛飼養は牛肉需要の拡大にともない1970年代から1980年代半ばにかけて一貫して増加傾向にあり，それは主に乳用種（ホルスタイン種）によって担われていたことがわかる。また価格は，1980年代は肉用種（黒毛和種）がkg当たり2,100円前後，乳用種が1,200円前後と安定的に推移している。

　しかし，自由化後はこのような価格の推移は一変し，大きく下落に転じた。中でも乳用種価格の下落は著しく，肉用種の1990～1995年の下落率が20％弱（2,200円から1,800円へ）にとどまるのに対して，乳用種は40％以上（1,100円から650円へ）にも達している。これは，輸入牛肉との品質差が小さい乳用種牛肉の需要が奪われたことを意味し，乳用肥育経営の収益性は急速に悪化した[7]。このため，乳用肥育農家の多くは輸入牛肉との品質差を明瞭にするため，

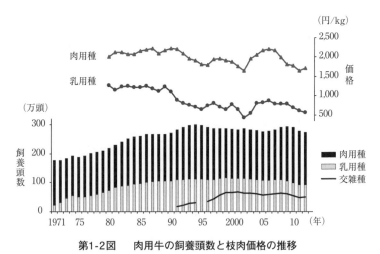

第1-2図　　肉用牛の飼養頭数と枝肉価格の推移

注：肉用種の価格は和牛去勢A4等級で，乳用種は肥育オスB2等級で示している。
資料：畜産統計，畜産物流通統計

和牛との交雑種を素牛とした経営に転換し，2000年以降は純粋な乳用種の肥育頭数は自由化前の半分程度にまで減少している。一方，肉用種の飼養頭数は自由化後もしばらく増加し続け，その後も高い水準を維持している。これは，自由化によって牛肉需要が全体として増加した恩恵を受けたことと，輸入牛肉と質的に競合しないよう脂肪交雑を一層進めた成果である。また，高級牛肉としてブランド化する動きも活発化し，価格も米国産の輸入が激減した2000年代初頭には自由化前の水準である2,000円台を回復するなど，700 ～ 800円台という低価格が定着した乳用種と明暗を分けている。

Ⅲ．自由化後の肉用牛飼養の地域的盛衰

1．肉用牛飼養の地域的盛衰

第1-2図に示したように，自由化後の肉用牛飼養は1994年にかけて若干増加し，その後は減少しつつも270 ～ 280万頭台で推移している。しかし，前述したように自由化後の輸入牛肉の急増は乳用種の方により深刻な影響を及ぼしたため，自由化後20年が経過した2011年時点では，肉用種の飼養が13.6万頭増加（1991年比8％増）しているのに対して，乳用種は17.8万頭も減少（同17％減）している。したがって，自由化にともなう産地再編は，乳用肥育経営の盛んな地域でより強く進展したと考えられる。

第1-3図は，この点を検討するために自由化後20年間の肉用牛飼養の地域的盛衰を乳用種・肉用種別に示したものである。これによると，1991年には肉用牛飼養全体では北海道・東北・北関東および九州地方に盛んな地域が多かったが，自由化後は中部・四国地方を中心に大半の地域で飼養頭数が減少したため，2011年の分布は北海道・九州およびこの間に急成長した沖縄といった国土周辺部への偏在を一層強めることになった。

次に，品種別にみると，飼養頭数が増加した肉用種では中国・四国地方以外の大半の地域で比重を高めていることがわかる。しかし，7,000頭以上のまとまった増加がみられたのは北海道と九州以外では群馬県のみで，九州に次ぐ肉用種産地であった東北地方の地位低下が目立つ[8]。九州でこの間に肉用牛飼養が成長した要因として，他の肉用種卓越産地より経営規模が大きく専業的な経

営が多かったことや[9]，島嶼部における繁殖経営が移出産業として重要であったことが挙げられる。また，肉用種飼養の増加は BSE で米国産牛肉の輸入が激減した時期に著しかったが，この時期は肉用子牛価格の高騰で繁殖経営の収支が大幅に改善し，九州南部では規模拡大を伴った産地の拡大がみられた（川久保，2010，2011）。

2. 乳用肥育経営の縮小と経営転換

　一方，自由化後に飼養頭数が減少した乳用種については，北海道以外ではほぼすべての県で減少している。中でも，東北・北関東・中部・九州北部で著しいが，乳用種割合の低下はそれほど顕著ではなく，15％以上低下させたのは 18 府県に過ぎない。もっとも，2011 年にはほぼすべての地域で乳用種に占める交雑種の割合が過半を占めるようになっている（**第1-3 図**）。自由化後は，大半の産地で規模拡大に加えて輸入牛肉との品質差を明瞭にするために交雑種の飼養に移行したのである [10]。ところが，北海道だけは交雑種の割合が低いにもかかわらず乳用種の飼養頭数が大幅に増加し，経営規模も乳用種では 1 経営体当たり 125 頭から 335 頭へと大幅に高まっている（畜産統計より）。この要因としては，北海道がこの間に酪農地域としての地位を一層高め [11]，肥育用素牛（乳用種雄子牛）の供給量が高い水準で維持されたこと。広大な農地環境を活かした大規模経営でコストダウンに努めることで，輸入牛肉との価格競争に対抗しうる可能性を有していたこと。2001 年以降の国内外での BSE 問題の発生で食の安心・安全への関心が高まる中，トレーサビリティやこだわりの飼料・飼養方法を取り入れることで消費者の信頼を得て，全国の生協やスーパーなどとの産直事業に活路を見出したこと [12] などが挙げられる。また，北海道が置かれた地域経済上の特徴，すなわち農牧業とその関連産業の比重が高い上に労働市場の展開が限定的であるという状況では，事業の縮小・撤退が容易でなかったことも背景にあると考えられる。

　そこで本章では，自由化にともなう肉用牛飼養の地域的再編の実態分析を行うために北海道を事例とする。北海道は日本最大の肉用牛飼養地域であると同時に，自由化後に最も厳しい競争環境に置かれた乳用種肉用牛の割合が現在でも高い（**第1-3 図**）。また，規模拡大や高付加価値化，産直事業など様々な取

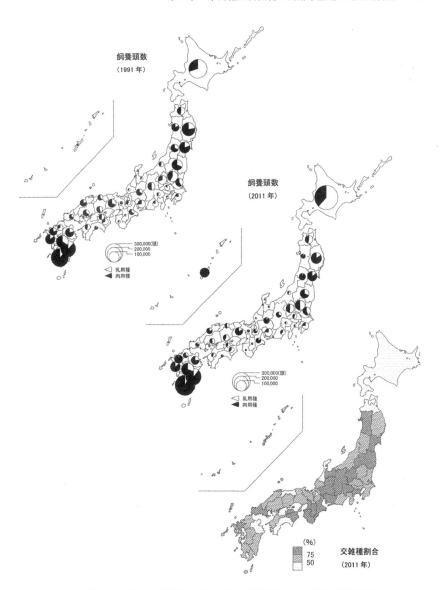

第1-3図　肉用牛飼養頭数の分布変化と乳用種に占める交雑種の割合

資料：畜産統計

組みがなされており，自由化後にみられた経営構造の変化や産地再編の実態を分析する上では，最も適していると考えられる。

Ⅳ. 牛肉輸入自由化による乳用肥育卓越産地の構造変化

1. 北海道における肉用牛飼養の地域的特徴

　第 1-3 図に示したように，北海道では自由化後も乳用種を中心に肉用牛飼養が大きく伸び，その地位は飛躍的に高まった。その中心は十勝地方で，全道に占めるシェアは自由化当初の 40％弱から 2007 年には 45％に高まっている。また，1 経営体当たりの飼養頭数も全道平均の 1.5 倍以上で推移しており大規模経営が多い地域といえる（北海道農林水産統計年報より）。この背景には，十勝地方は道内最大の酪農および畑作の産地であり，肉用に仕向けられる乳用種と飼料用穀物が豊富に存在していることがある。

　では，十勝地方のどこで肉用牛飼養が盛んなのか。第 1-4 図によると，十勝地方のほぼ全域で飼養がみられるものの，士幌町をはじめとする内陸部に大産地が多く自由化後の増加も著しい。また，経営規模も 1 経営体当たり 500 頭を超えており，十勝地方の核心地といえる。品種別にみると乳用種が 77％を占めているが，近年は肉用種の飼養も増加しており，その中心は足寄町など東部の地域である。

　農業経営全般の特徴としては，中西部にある士幌町・新得町・清水町では畜産中心だが，十勝地方の拠点都市である帯広市とその西隣の芽室町では畑作の方が盛んである（生産農業所得統計より）。一方，北東部の足寄町は，かつては十勝地方最大の肉用牛産地でありながら（進藤，1985），自由化後は停滞傾向で経営規模も小さい。経営形態の面では，育成経営が中心の新得町と短期肥育で「十勝若牛」のブランド化を進めている清水町が特徴的で，販売方法では芽室町と足寄町で小売業と結びついた産直事業が行われている。

　そこで以下では，士幌町と足寄町を事例に，十勝地方における自由化後の乳用肥育経営の変遷と現在の収益構造について検討する。士幌町は乳用種の飼養に特化しながら大規模・企業的な経営を実現し，十勝地方最大の肉用牛産地に成長した地域であり，足寄町は大規模化を実現できずに停滞している代表例と

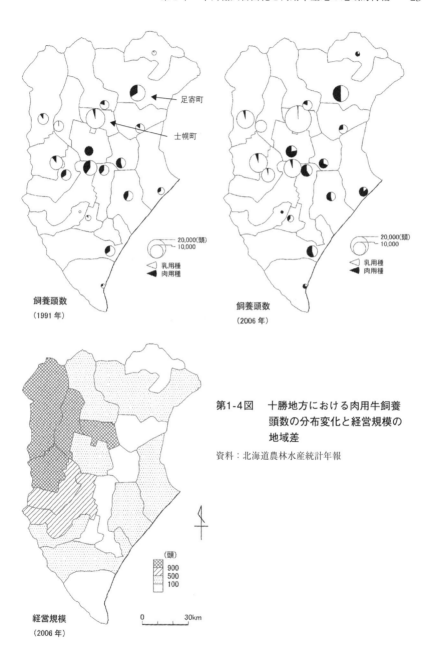

第1-4図　十勝地方における肉用牛飼養
頭数の分布変化と経営規模の
地域差

資料：北海道農林水産統計年報

いえる。このような対照的な地域を研究対象にすることで，自由化によって低コスト競争を強いられる中で，肉用牛産地が生き残りをかけてどのような対応を取り，また取れなかったのかを明らかにできると考えられる。

2．士幌町における大規模肉用牛経営の成長と自由化への対応

（1）地域概要

　士幌町は，十勝平野の北端部に位置する人口約 6,500 人，面積約 260km² の比較的小さな町である。**第1-5図**に示したように，東西に長い町域はほぼ平坦だが，内陸性の気候下にあるため，1970 年代前半までは何度も冷害を被ってきた。中央部を音更川と国道 241 号線が南北に通っており，帯広市までは約 30km，車で 40 分程度の距離にある。人口は減少傾向にあるが，2010 年までの 30 年間で 8 ％しか減少しておらず，高齢化率も 27％とそれほど高くない（2010 年国勢調査報告より）。

　主な産業は農業で，2010 年現在で就業者数の 43％を占めているが，町では 1970 年代より工場誘致を進めており，町中央の市街地には軽工業団地が造成され，農協も馬鈴薯の貯蔵・加工を中心とした食品工場を展開している（**第**

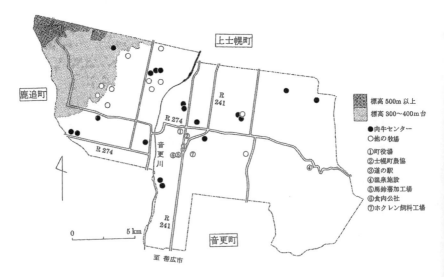

第1-5図　士幌町の地域概要と大規模肉用牛経営体の分布（2011年）

資料：士幌町農協での聞き取り

1-5 図）。2011 年にはホクレン農業協同組合連合会（以下，ホクレン）の飼料
工場も立地し，食品関連工業は農業に次ぐ重要産業となっている。また，1989
年には旧国鉄士幌線跡地に現在の道の駅「ピア 21 しほろ」が建設され，地元
産の農畜産物を素材とした飲食店・物産店が営まれるなど食を活かした町づく
りも盛んになってきている。

（2）農牧業の特徴と肉用牛飼養の成長

　第1-1 表は，1980 年代以降の士幌町の農業構造の変化を示したものである。
これによると，2010 年の専業農家率は 88％，60 歳未満の男子農業専従者のい
る非高齢農家率は 90％であり，労働力基盤は極めて強いことがわかる。1 戸
当たりの経営規模も 37ha と道内有数の大きさで，これは冷害の相次いだ 1960
～ 1970 年代の離農者の農地が残存農家に集約されたことと，1960 ～ 1980 年
代初頭にかけて町内各地で行われた 3,500ha もの国営パイロット事業による農
地造成の成果である。

　農地はほぼすべて畑として利用され，2000 年以降は牧草の作付割合が高まっ

第1-1 表　士幌町と足寄町における 1980 年代以降の農業構造の変化

		士幌町				足寄町			
		1980 年	1990 年	2000 年	2010 年	1980 年	1990 年	2000 年	2010 年
農家数		561	516	441	394	655	514	369	264
専業農家率（%）		84	83	77	88	69	77	65	75
非高齢農家率（%）		89	89	91	90	72	71	65	66
経営耕地（ha）		12,773	14,064	14,213	14,705	9,397	10,688	10,470	10,028
（うち畑）		12,773	14,064	14,212	14,705	9,391	10,680	10,470	10,019
（うち飼料・牧草）		4,579	4,598	4,636	5,336	6,599	7,302	7,885	7,637
1 戸当たり面積		22.8	27.2	32.2	37.3	14.4	20.6	28.4	38.0
農地借入		715	1,476	2,262	2,826	939	1,398	2,809	2,862
耕作放棄		23	5	14	3	713	7	25	8
乳用牛（頭）		7,672	11,696	15,518	22,565	9,012	10,688	9,615	9,042
肉用牛（頭）		2,365	20,370	26,464	49,574	10,684	12,028	12,236	14,170
（うち乳用種）		2,358	19,633	24,065	n.d.	9,014	8,461	5,305	n.d.
畑作収穫面積	小麦	1,371	2,562	2,141	2,529	389	1,644	797	891
	馬鈴薯	2,743	3,023	2,691	2,148	57	29	37	86
	大豆	815	79	328	299	382	49	13	13
	小豆	686	618	826	1,077	580	426	391	368
	いんげん豆	605	456	365	n.d.	672	1,037	394	n.d.
	ビート	1,725	2,298	2,265	n.d.	495	546	555	n.d.

注：1990 年以降は販売農家の数値である。2010 年の家畜頭数は法人経営を含む。
　　n.d.はデータなし。非高齢農家とは，60 歳未満の男子農業専従者がいる農家を指す。
資料：農業センサス

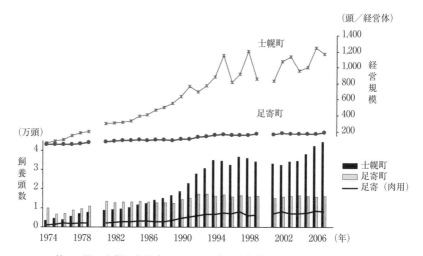

第1-6図　士幌町と足寄町における肉用牛飼養頭数と経営規模の推移

資料：北海道農林水産統計年報，十勝支庁資料

　ている。また，農地の借入面積が増加傾向にある一方で耕作放棄地は極めて少なく，農業生産は活発といえる。一方，経営面では畜産は酪農，乳用種中心の肉用牛飼養ともに自由化後も成長しているが，畑作は小麦・馬鈴薯・ビートを中心に豆類を加えた作付構成に大きな変化はないものの，全体として停滞傾向にある。このような趨勢は生産額でも同様で，現在は畑作より畜産の比重が高まっている。

　肉用牛飼養については，**第1-6図**に示したように1970年代以降に急成長し，現在は4万頭以上に達している。1970年代に肉用牛飼養が本格化した背景には，当時の「畜産危機」，すなわち，役牛の役割を終えた和牛の飼養頭数が全国的に激減して牛肉供給量が逼迫するという事態があり，また町内でも酪農家から出る雄の初生牛を有利に販売して所得を向上させることが望まれていた。さらに，肉用牛の糞尿は堆肥として畑作に還元できるため，町内で農畜連携による資源循環型農業を進めるという意味でも奨励された。

　ただし，士幌町における肉用牛飼養の急成長は，農協の強力な支援に負うところが大きい。それは，1970年より町内各地でみられるようになった肉牛センターの創業で，ここでの実績がその後の一般農家の相次ぐ参入の起爆剤と

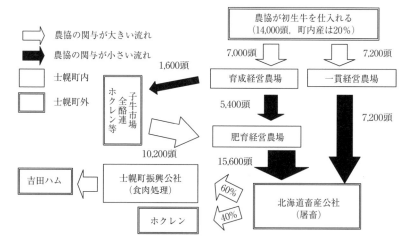

第1-7図　士幌町農協が取扱う肉用牛・牛肉の生産・販売の流れ　（2010年）

資料：士幌町農協資料

なった。肉牛センターの特徴は，農協が畜舎・機械・住居がセットになった施設を建設して経営者を募集して貸与し，就農後は15～20年計画で償還するという方式にある。これは，乳用肥育経営の歴史のない地域で大規模な経営を開始する上での初期投資やリスクを農協が引き受けることで，参入障壁をなくすことを意図していた。経営者の採用は能力重視で行っているため，中には畜舎や農地など農業基盤を有していない非農家出身者もおり，地域外・農外の経営感覚の導入にも繋がっている。運転資金については経営計画が妥当と判断されれば，農協の肉牛勘定制度を通して巨額の融資を受けられ，かつ経営状況は複数年に渡って診断されるため，単年度の赤字には左右されずに経営が継続できる。さらに，大規模経営を効率よく進めるには，素牛の導入から肥育牛の出荷までスムーズに行う必要があるが，これは**第1-7図**に示したように農協がその流通に深く関与することで担保されている。また，飼料の調達なども農協が一括して斡旋するため，月単位で行われる牛の導入・出荷のスケジュール管理が容易で，かつ衛生管理や給餌，肥育期間についても指導を受けることができる。このようなシステムは，営農の自由度を狭めているともいえるが，飼養経験が浅い産地において大規模経営を軌道に乗せる上では効果的だったといえる。

　このような肉牛センターは，1970年代に12ヶ所，1980年代半ばに3ヶ所，

1990年代初頭に3ヶ所の計18ヶ所に建設され（**第1-5図**），士幌町における肉用牛飼養の継続的な増加を支えた（**第1-6図**）。現在は一般農家による大規模経営もみられるが，肉牛センターでの飼養頭数約2.4万頭は，町全体の約60％に当たり，その役割の大きさは変わっていない。なお，経営形態は肉牛センター建設当初は初生牛を導入して19〜20ヶ月間，育成・肥育する1,000頭規模の一貫経営を基本としていたが，次第に肥育経営に特化するようになり，現在では3,000頭規模の経営も出現している。

では，肉牛センターで肥育された牛は出荷後，どのように流通するのか。**第1-7図**に示したように，士幌町農協の取り扱う肉用牛は基本的に帯広市にある北海道畜産公社で屠畜される。そして，その約60％が士幌町振興公社で食肉処理される。この公社は1987年に士幌町農協が中心となって市街地に設立した第3セクターで，ここで処理された牛肉は創業以来，ほぼすべて（株）吉田ハムに販売されており，大量の牛肉を安定的に販売できる環境が整っている[13]。士幌町農協では，飼養段階に応じて指定するホクレンの配合飼料を用い，一定の決められた飼養管理下で肥育したホルスタイン種の去勢牛のうち士幌町振興公社で食肉処理された牛肉を「しほろ牛」としてブランド化しているが，（株）吉田ハムに販売を一元化していることで，その真正性が高められているのである。

以上のように，士幌町では従来はほとんど商品価値のなかった酪農副産物の乳用種雄の初生牛を，農協が建設した肉牛センターで育成・肥育することを通じて1大農業部門として育て，また食肉製造業の1部門としても発展させてきた。また，この動きは自由化を控えた1980年代後半から1990年代初頭にかけて一層強化された点にも留意する必要がある。**第1-6図**によると，1985年から1995年にかけて飼養頭数は1.1万頭から3.4万頭へ，経営規模は400頭から1,100頭へと急成長している。これは，自由化による牛肉価格の下落に大規模化・低コスト化で対応するという姿勢が明瞭に現れたものと捉えることができよう。

では，士幌町では乳用肥育を中心とした大規模肉用牛経営がどのような形態で存在しているのか。また，自由化後の厳しい市場環境の中で，どのような経営対応をとってきたのか。以下では，筆者が2011年8〜9月に実施した現地調査の結果をもとに検討する。

（3）大規模肉用牛経営体の経営概要と収益構造

1）調査経営体の概要と参入経緯

　士幌町では 2011 年現在，飼養頭数 500 頭以上の大規模肉用牛経営体は 29 あり，その分布は北西部に多い（**第 1-5 図**）。これは，士幌町では明治期の入植当初の畑作は土壌・気候条件のよい町南部で始められ，戦後に本格化した酪農は中央部や東部で行われてきたため，肉用牛には湿地が多く低温になりやすい北西部の原野しか残されていなかったからである。そのような中，筆者は 7 つの経営体（法人 5，肉牛センター 4，肥育経営 4，一貫経営 3）で聞き取り調査を行った。**第 1-2 表**はその概要を示したものだが，飼養規模は士幌町最大の 7,000 頭台が 1 つ，2,000 ～ 3,000 頭が 2 つ，1,000 頭台と 1000 頭未満が 2 つずつである [14]。

　では，まず創業の経緯と成長過程について検討する。**第 1-2 表**によると，調査経営体の肉用牛経営への参入時期は 1970 年代と 1990 年代以降に大別できるが，両者では参入前の就業状況に差異がみられる。すなわち，1970 年代の 3 経営体が畑作や酪農に従事していたのに対して，1990 年代以降の 4 経営体のうち 3 つは農業経営に携わっていなかった新規参入者で，うち 3 つは参入と同時に法人化している。これは，迫りくる自由化後の厳しい市場環境に対して大規模企業経営を確立することで生き残りを図ろうとした動きであり，中でも No.2・3 の経営体は，当時交付されていた国の 50% 補助事業を活用して，それぞれ 2,000 頭と 3,000 頭という町内有数の大規模経営を創業時から始めている。

　このような新規参入の動きは，自由化前後の時期に士幌町が十勝地方で際立

第 1-2 表　士幌町における調査経営体の経営概要　（2011 年）

No.	経営組織		経営形態	創業年	法人化	以前の就業・就農の状況	飼養頭数			経営耕地面積				粗飼料自給率
	法人	センター					1991 年	2001 年	2011 年	合計	牧草	デントコーン	畑作4品目	
1	○		一貫	71 年	86 年	畑作	2,800	6,000	7,300	286	55	86	145	2%
2	○	○	肥育	90 年	90 年	食品卸売業	2,950	3,000	3,000	0	–	–	–	0%
3	○	○	肥育	91 年	91 年	牧場従業員	2,000	1,950	2,300	0	–	–	–	0%
4	○	○	一貫	91 年	91 年		1,100	1,100	1,700	12	12	–	–	6%
5	○		肥育	01 年	06 年	家畜商	–	100	1,200	6	4	2	–	6%
6		○	一貫	76 年	–	酪農	600	600	950	3	3	–	–	3%
7			肥育	72 年	–	畑作	400	400	750	35	25	10	–	7%

資料：筆者の訪問調査

つ肉用牛飼養地域へと成長していく原動力となった。現に，新規参入者を含む調査経営体では，1991年から2001年，そして2011年にかけて飼養頭数は9,850頭から13,150頭，そして17,200頭へと急増し続けており，今後も月200頭の出荷が可能な2,000頭台後半規模への増頭が計画されている。

　一方，肉用牛以外の営農は積極的ではない。そもそもNo.1以外の経営体には農地が少なく，かつ全面的に飼料作物が栽培されており，肉用牛に特化した経営となっている。特に，肉牛センターに入居している経営体の中には，すべての農地を貸し出し，粗飼料自給率が0％のものもある。したがって，士幌町全体では酪農・肉用牛・畑作の間で農畜連携が図られているが，個々の経営体自体は専門化することで大規模化を追求してきたといえる。

2）調査経営体における肉用牛飼養の実態

　第1-3表は，調査経営体の労働力と肉用牛飼養の特徴について示したものである。これによると，主に家族からなる役員はすべて50代以下で，30代・40代の若手も3つの経営体にいる。また，すべての経営体に従業員やパートなど雇用者がいるが，大半が20代・30代と若い。その数は大規模層ほど多く，1,000頭以上の5経営体では複数いる。1,000頭前後の3経営体では従業員は少ないがパートを補助労働力として得ており，士幌町の大規模肉用牛経営は多くの若年雇用者によって支えられていることがわかる。これらの労働力は，道外からのIターン者や十勝地方の大学卒業者，畑作・酪農家の子弟など様々な経歴を持ち，必ずしも定着率が高いわけではないが，肉用牛経営の成長が一定の雇用（概ね1,000頭に1人）を生み出し，かつ就農訓練の場になっていると考えられる。

　一方，肉用牛飼養については，交雑種の飼養もみられるが，No.3の経営体を除くと小規模であり，基本的にホルスタイン種の専業経営といえる。経営形態には一貫経営もみられるが，肥育用素牛は自家育成に加えて家畜市場からも調達しているため，7経営体すべてで肥育中心の経営となっている。素牛の導入は，初生牛についてはすべて士幌町農協を通じて行っており，農協の果たす役割は大きい。しかし，肥育用の子牛の導入先は比較的多様で，町外の農協や契約農家からの購入もみられる。

第1-3表　士幌町の調査経営体における肉用牛飼養の特徴　(2011年)

No.	肉用牛部門の労働力			飼養頭数の内訳				出荷先	ホルスタイン			
	役員	従業員	パート	ホルスタイン		交雑種			出荷	枝肉のB3率		事故率
	人数（属性）	人数（属性）	人数	育成	肥育	育成	肥育		月齢	2001年	2011年	
1	5 (M5)	9 (M3)	0	1,300	5,870	40	90	系統	19月	30%	8%	8%
2	1 (M5)	2 (M5, M2)	0	–	3,000	–	–	系統	19月	40%	8%	4%
3	3 (M5)	2 (M4, M2)	0	–	700	–	1,600	系統, 生協	19月	10%	5%	5%
4	2 (M4)	2 (M3, F2)	0	200	1,500	–	–	系統	19月	n.d.	2%	5%
5	2 (M3)	2 (M3)	1	–	1,200	–	–	商系	18.5月	n.d.	稀少	2.5%
6	4 (M3)	1 (M3)	2	250	700	–	–	系統	19月	25%	3%	9%
7	2 (M5)	1 (M3)	0	–	700	–	50	商系	19.5月	15%	8%	3%

注：労働力の（　）内はその主な属性（性別と年齢）を示しており，M5は50代の男性を，F2は20代の女性を
　　指す。
　　事故率とは，死亡頭数と淘汰頭数の合計を年間導入頭数で除した値である。　n.d. は不明。
資料：筆者の訪問調査

　次に，肥育牛の出荷・販売をホルスタイン種について検討する。**第1-3表**
によれば，肉牛センターの4経営体（No.2・3・4・6）を中心に7つのうち5
つが士幌町農協とホクレンを通した系統出荷を行っており，その出荷月齢は
19ヶ月である。士幌町農協では，「しほろ牛」を生産する上で20ヶ月齢まで
の飼養を推奨しているが，牛肉価格の低迷と飼料価格の高騰を勘案して1ヶ月
短縮している。肥育期間の短縮は肉質の低下につながりかねず，現にそれは枝
肉の成績に表れている。一般に，輸入牛肉と品質面で差別化するには枝肉評
価でB3以上の格付が必要とされるが，その割合はすべての調査経営体で10%
未満と低い。10年前には20%前後だった経営体が多いことからすると，近年
の品質低下は明らかである。しかし，経営体間で差も認められ，No.1・2や
19.5ヶ月肥育をしているNo.7の経営体ではB3以上の割合が道内平均の5%
を上回る8%となっている。一方で，自由化決定後に新規参入した4経営体
（No.2・3・4・5）のうちの3つでB3格付の割合が低く，飼養管理面で改善の
余地があるといえる。

　また，事故率（年間導入頭数に占める淘汰牛と死亡牛の合計の割合）を低く
抑えることも重要な経営課題である。士幌町農協では5%以下を目標にしてい
るが，No.1・6以外の経営体では5%以下に収まっており全体的に良好といえ，
中でも新規参入の4経営体で成績がよい。したがって，調査経営体では全体と
して肉質より低コスト大量生産を指向した経営がなされているといえる。

3）大規模肉用牛経営の収益構造

　では，自由化対策として大規模化した肉用牛経営体では，1頭当たりどの程度の利益があげられているのか。調査経営体への聞き取りでは明確な回答は得られなかったが，次の2点が経営上の収支感覚として指摘された。1つは，単年度の収支は重視しておらず，3〜5年単位でいわばドンブリ勘定的に黒字になっていればよいという経営感覚である。具体的には，概ね直近5年間の業績は，2007年は赤字，2008年は収支均衡，2009年は僅かの黒字，2010年は大幅な黒字，2011年は収支均衡見通し，とのことで，収支は改善傾向にある（負債の返済が進んでいる）という。2つめは，子牛価格の暴落や生産費高騰に際して発動される農畜産業振興機構（以下，ALIC）の補給金制度[15]を常に念頭に置いていることで，この補給金の原資の大半は輸入牛肉からの関税収入で賄われている。このような現状を踏まえると，十勝地方有数の大規模経営を誇る士幌町であっても，短期間の赤字になら耐えられる経営体力と不足払い制度によって辛うじて営農が継続されていることになる。

　そこで，この点について統計的に裏付けることにする。**第1-8図**は，北海道の乳用種雄牛の育成経営の実質的な収支をALICからの補給金支払実績を加味して推計したものである。データは，農林水産省の生産費調査とALICの子牛補給金支払実績を用いた。これによると，1990年以降の育成経営農家の単年度の収益（家族労働報酬）は，自由化後は1997年以外すべて赤字となっていることがわかる。特に，1995年と2002〜2005年にはO157やBSE問題など食の安全に関わる騒動によって1頭当たり4〜6万円という多額の赤字を記録しており，1991〜2011年の21年間平均でも2.1万円の赤字となっている。これに対して，ALICは補給金を毎年支払っているが，特に1992〜1995年と1999〜2004年にかけては1頭当たり4〜7万円の高額にのぼり，乳用育成農家の赤字を埋める上で極めて大きな効果を持った。その結果，自由化後に実質収益が赤字のままだったのは1996年と2005〜2007年の4ヶ年のみとなり，1991年以降の21年間平均でみると1頭当たり1.9万円の黒字となっている。

　以上のような収支状況は，調査経営体が明かしたALICの補給金制度を念頭に置き，数年単位で収支を考えるという実態と見事に符合する。しかし，1頭当たり1.9万円では1,000頭規模でも1,900万円の利益に過ぎず，家族2人，従

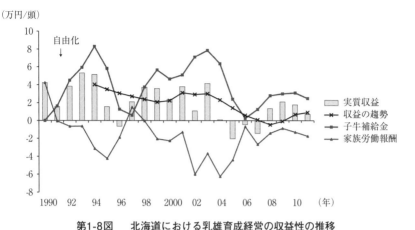

第1-8図　北海道における乳雄育成経営の収益性の推移

注：実質収益は家族労働報酬に子牛補給金を加えた金額である。
　　収益の趨勢は，実質収益の5ヶ年移動平均で示している。
資料：畜産物生産費，ALIC「子牛補給金支払い実績」

業員・パート各1人の経営だと仮定すると，決して十分な所得とはいえないだろう。また，実質収支の趨勢を5ヶ年移動平均でみた場合，1990年代に3～4万円だったのが2000年以降は1～2万円に減少しており（**第1-8図**），規模拡大を継続しなければ専業経営は成り立たないことを示唆している。

　一方，肥育経営は自由化後に，黒字になった年度は6度と育成経営よりも多いが（農林水産省「畜産物生産費」より），やはりALICのマルキン事業によって赤字補填されている年度が大半[16]である。肥育経営では，国内外のBSE問題が収まった2005年以降も飼料価格高騰などから大幅な赤字の年度が続き，補給金交付後の実質収支は2005～2011年平均でマイナス0.6万円となっており，育成経営より厳しい経営環境にあるといえる。

3．足寄町における肉用牛経営の停滞と自由化への対応

（1）地域概要

　足寄町は，士幌町の北東約30kmに位置し，帯広市へは道東自動車道で約50km，30分余りで結ばれている。面積1,408km²は十勝地方最大だが，**第1-9図**に示したように町域の大半は山麓で占められている。また，内陸性の気候のため冬季の冷え込みが厳しく夏季にも冷害が発生するため，畑作の適地とは

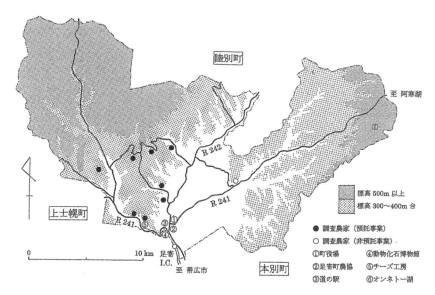

第1-9図　足寄町の地域概要と乳用肥育農家の分布（2011年）

資料：足寄町農協での聞き取り

いえない。しかし，十勝地方から北見地方に抜ける主要ルート上にあり，1910年には鉄道が開通し，1989年まではJR，その後も2006年までは第3セクター鉄道が通っていた。

　人口は2010年現在で約7,600人で，戦後の入植者増によって人口がピークとなった1960年の約1.9万人からは大きく減少している。高齢化率も1990年の15.9％から2010年には33.9％となり，過疎高齢化が進行している。主な産業は農林業で就業者の27％を占めているが，1975年の39％と比べると，その比重は大きく低下している（国勢調査報告より）。町内にはそれほど著名な観光スポットはないが，現在のところ足寄I.C.は道東自動車道の東の終点であり，道東有数の観光地である阿寒湖や摩周湖へ向かう観光客をターゲットとした道の駅や農産物直売所など商業施設を充実させることが課題となっている。

（2）農牧業の特徴と肉用牛飼養の停滞

　では，足寄町の農業にはどのような特徴があるのか。1980年代以降の推移

を士幌町と比較して示した**第1-1表**によると，農家数は2010年までの30年間で半分以下に減少している。これは，同期間の士幌町の30％減より大きく，特に1990年以降に差が出ている。しかし，現存農家は専業率が75％で非高齢農家率が66％，1戸当たり経営規模も拡大傾向で38haに達していることから，生産基盤は強固に維持されているといえる。

　次に，農地についてはほぼすべて畑で現在でも1万ha台を維持しているが，うち76％が飼料・牧草栽培で占められている。この割合は1980年の70％より高まっており，士幌町よりも粗放的な利用が進んでいるといえる。畑作の作付は，戦後は大豆・小豆を中心としたものからインゲン豆・ビートへと移り変わり，近年は小麦の栽培が圧倒的となっている。しかし，小麦は，政府の戸別所得補償制度などの補助金に支えられている側面が強く，その意味では近年は有利な畑作物が見出せなくなっているといえる。

　一方，畜産については酪農が先行していたが，1970～1973年にかけて乳用種の肉用牛としての飼養が急増し，1980年には肉用牛飼養の方が上回るようになった。これは，**第1-6図**に示したように士幌町よりも早い動きであり，1980年代半ばには道内最大の肉用牛産地に成長した（進藤，1985）。しかし，乳用種を中心とした肉用牛飼養の成長は長くは続かず，1990年代半ば以降は肉用種の飼養割合を高めながら停滞傾向を強めている（**第1-6図**）。

　では，乳用種中心の肉用牛飼養の衰退はどのように進んだのか。足寄町農協の資料によると，2000年以降は乳用種の中ではホルスタイン種より交雑種の減少の方が大きい傾向にある。これは全国的な動向とは異なるが，ホルスタイン種の飼養頭数に占める北海道チクレン農業協同組合連合会（以下，チクレン）からの飼養預託頭数の割合は，2000年の30％台から2011年には80％台にまで高まっており，これが市況低迷下で乳用肥育経営を支えている大きな要因であると考えられる。そこで以下では，チクレンの肉用牛預託事業に留意しながら足寄町における乳オス肥育経営の実態分析を行うことにする。

（3）チクレン預託事業の導入と乳用肥育経営の維持

1）チクレン預託事業の概要

　チクレンによる肉用牛預託事業（以下，預託事業）は1986年に網走地方の

佐呂間町で始まり，現在は道東地方を中心に傘下の 8 農協管内の 9 町に広がっ
ている。中でも足寄町からの年間出荷頭数は約 2,600 頭で最大の事業規模を誇
り，一貫経営も多いという特徴がある。チクレンが預託事業を始めた背景に
は，自前の事業を持つことで経営基盤を強化したいという事情もあったが，発
端は負債の累積で離農が相次いでいた乳用肥育経営に対して，農協連合会とし
て子牛や枝肉，飼料などの相場変動のリスクを負うことで救済することにあっ
た。預託事業におけるチクレンと農家の役割分担，および牛肉販売に至る流れ
は**第 1-10 図**に示しているが，これを要約するとチクレンと傘下の農協が農家
に育成・肥育用の素牛および肥育用の配合飼料を無料提供し，農家は粗飼料と
敷料や畜薬などの資材を自己負担しながら 19 ヶ月齢まで飼養するというもの
である。飼養に関しては，チクレン指定の Non‐GMO 飼料の給餌と肥育段
階でのモンネシンなどの抗生剤の不使用が徹底されており，安全・安心の国産
牛肉としてブランド化されている。飼養する牛はチクレンからの預託牛であり，
農家に所有権はない。このため出荷先はすべてチクレンであり，農家は屠畜後
の枝肉重量に応じて預託料を受け取る。そして，屠畜後の枝肉はチクレンの食

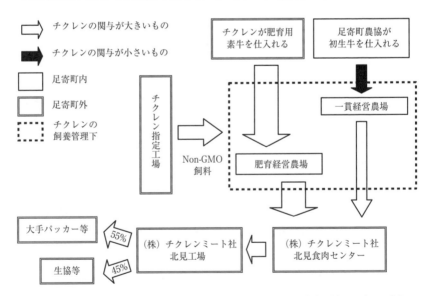

第1-10図　チクレン預託事業における肉用牛・牛肉の生産・販売の流れ　（2010年）

資料：北海道チクレン資料

肉処理場で加工され,「チクレンフレッシュミート」として生協など生産費ベースの価格設定に理解を示す顧客を中心に産直販売されている。

2）調査農家の概要と規模拡大の停滞要因

　預託事業への参加農家を含めて，足寄町の乳用肥育経営にはどのような特徴があるのか。筆者は，2011 年 9 月に現地調査を実施し，足寄町の乳用肥育農家 10 戸のうち，協力の得られた 9 戸に対して聞き取り調査を行った。**第 1-4 表**はその概要を示したもので，9 戸の中には預託事業への参加農家（以下，預託農家）が 8 戸，法人化している農家が 1 戸ある。飼養頭数は最大でも 720 頭で，北海道では中規模に位置づけられる経営体が多いといえる。

　乳用肥育経営の開始時期は，法人化している 1 農家以外は 1970 年代前半までで，1960 年代の農家も 2 戸あるなど，十勝地方はおろか道内で最も早かったといえる。参入前の主な経営部門は畑作と酪農が半々で，元畑作農家の方が参入時期が早い。参入の動機については，**第 1-5 表**に示したように元畑作農家は冷害や規模拡大難による経営不振を挙げ，元酪農家は拡大指向で経営を継続することの困難と当時の初生牛の安さを挙げている。総じて，1960 ～ 1970 年代の冷害・凶作で離農が続出する中で，規模拡大路線を進められなかった農家が，畜産危機を背景とする農政の後押し[17]を受ける形で乳用肥育経営に参入していったといえる。

　経営形態については，肥育経営が 5 戸，一貫経営が 4 戸と 2 分されているが，

第 1-4 表　足寄町における調査農家の経営概要（2011 年）

No.	預託事業	乳用種開始年	以前の経営部門 主業	以前の経営部門 副業	経営形態	過去の形態 育成	過去の形態 一貫	経営耕地面積（ha） 合計	経営耕地面積（ha） 牧草	経営耕地面積（ha） 野菜	粗飼料自給率	飼養頭数 1991 年	飼養頭数 2001 年	飼養頭数 2011 年
1	○	66 年	畑作	和牛	肥育	○		83（70）	83	−	100%	n.d.	720	720
2	○	91 年	畑作	家畜商	肥育	○		4（−）	−	4	0%	315	560	720
3	○	74 年	酪農	−	肥育	○	○	45（18）	45	−	95%	700	430	450
4	○	72 年	畑作	酪農・馬	一貫	○		54（34）	54	−	100%	n.d.	440	440
5	○	71 年	和牛	畑作	一貫	○		55（−）	55	−	100%	480	410	410
6	○	71 年	酪農	−	一貫	○		32（−）	32	−	100%	320	420	410
7	○	73 年	酪農	畑作	肥育	○	○	52（25）	52	−	100%	400	310	400
8	○	69 年	畑作	酪農	一貫	○		34（18）	34	−	100%	400	400	370
9	○	73 年	酪農	−	肥育	○	○	49（35）	49	−	100%	400	400	408

注：経営耕地面積の（　）内は借地面積。n.d. は不明。
資料：筆者の訪問調査

第1-5表　調査農家の乳用肥育経営への参入動機と足寄町の営農環境

a. 乳用肥育への参入の動機
〈元畑作農家〉
　冷害が多く畑作には不適だった　2
　畑作としての規模拡大に限界を感じた　　1
　畑作の経営不振が継続　　1
　開拓農協や国の政策誘導に従った　　2

〈元酪農家〉
　初生牛が安かった　　3
　酪農を継続するには自作地不足で飼料基盤が弱かった　　2
　酪農の経営不振が継続　1
　周囲の雰囲気に加わった　　1

b. 経営不振に陥った要因
　自作地が狭く飼料確保が壁になり，規模拡大できなかった　　4
　労働力不足で規模拡大が進まなかった　　2
　農協の指導が酪農中心で肉用牛には手薄だった　　4
　輸入自由化で相場が下がった　　2

c. 足寄での畜産経営の長短
　牧草自給率の高さ　　3
　放牧が可能な土地条件　　3
　傾斜地が多く大規模経営の効率が悪い　　1

資料：筆者の訪問調査

肥育農家はすべて過去に育成もしくは一貫経営の経験がある（**第1-4表**）。ま
た，交雑種やアンガス種の肥育経験がある農家もあり，試行錯誤や紆余曲折
が繰り返されてきたことがうかがえる。農地利用については，野菜作付のある
No.2以外の農家では借地分も含めてすべて牧草で，肉用牛専業の経営が定着
しており，粗飼料の自給率はほぼ100％である。これは，No.2以外の8戸，す
なわち預託農家は戦後開拓で丘陵地に入植した農家であり（**第1-9図**），畑作
には不適でも牧草栽培には適した農地を豊富に持ち合わせていたことによる。
また，8戸はチクレン傘下の足寄開拓農協に属していたため，自由化後の経営
難の中で次第に預託事業へ参加するようになったのである。

　次に，飼養頭数の推移をみると，1991年の自由化から2001年にかけて増加
傾向にあるのは9戸中2戸しかなく，調査農家全体でも頭数が確認できた7戸
では3,015頭から2,930頭へ減少している。しかし，2001〜2011年にかけて
は増加農家の方が多くなり，全体でも4,090頭から4,328頭へと増加に転じて
いる。したがって，足寄町では預託農家が増加していく2001年以降は，飼養

農家数は減少しつつも経営は安定を取り戻してきたといえ，現在は9戸中の6
戸で条件次第では増頭を行う計画を持っている。

　以上のことから，足寄町では道内でいち早く乳用肥育経営に参入したことで
当初は初生牛の入手で優位に立っていたものの，その後の経営は必ずしも安定
せず，1,000頭を超えるような大規模経営に発展することなく，自由化後は停滞・
衰退に転じたといえる（**第1-6図**）。

　このような，自由化後の乳用肥育経営の停滞と衰退には，どのような要因や
背景があったのか。**第1-5表**によると，経営不振に陥った要因として労働力
不足や自作地の限界からくる飼料不足で飼養規模の拡大が一定以上に進められ
なかったこと，農協の営農指導が酪農中心であったことが指摘されている。こ
れは，自由化後の厳しい市場環境下において，産地として粗飼料の自給を放棄
してまで肉用牛飼養の拡大を志向しなかったことを意味しており，その背景に
は十勝地方の奥地では若年の雇用者を募ることが容易ではなかったことがある。
また，町内には牧草の作付に適した傾斜地が多く放牧も可能なことから，酪農
や和牛の繁殖経営の方が競争優位が発揮できるという認識があったことも指摘
できる。

3）乳用肥育経営の実態と預託事業の成果

　第1-6表は，調査農家9戸の農業労働力と肉用牛飼養の特徴を示したもの
である。これによると，9戸すべてで家族労働力を主体とした経営が行われて
おり，雇用者がいるのはNo. 2の農家のみである。男性労働力の年齢は20代
1人，30代2人，50代7人，60代1人で，全戸で50代以下の専従者がおり，
労働力基盤は充実している。

　一方，飼養する肉用牛はすべてホルスタインで，一貫経営と肥育経営がほぼ
半々である。一貫経営農家は，肥育用素牛をすべて自家育成した牛で充当して
おり，士幌町のように肥育部門に偏重していない。素牛の導入は，預託農家8
戸については，一貫経営では足寄町農協から，肥育経営ではチクレンから行っ
ており，出荷についても預託農家は19ヶ月齢まで肥育した牛をすべてチクレ
ンに出荷している。これは，前述したように牛はチクレンの所有物で，導入か
ら出荷に至る過程はすべてチクレンの管理下にあることからきており，独自に

第1-6表　足寄町の調査農家における肉用牛飼養の特徴（2011年）

No.	農業労働力 家族 (属性)	農業労働力 雇用 (数)	飼養頭数の内訳 ホルスタイン 育成	飼養頭数の内訳 ホルスタイン 肥育	素牛の導入先 初生牛	素牛の導入先 子牛	出荷先	肥育牛の出荷月齢 現在	肥育牛の出荷月齢 (以前)	事故率	枝肉格付 B3率
1	M5・F5	0	–	720	–	チクレン	チクレン	19月	n.d.	7%	なし
2	M3・F3	1	–	720	–	十勝管内	商社	17月	20月	1%	2%
3	M5・F5	0	–	450	–	チクレン	チクレン	19月	19月	5%	n.d.
4	M5・F4	0	160	280	足寄町農協	–	チクレン	19月	18月	8%	5%
5	M5・F4	0	150	260	足寄町農協	–	チクレン	19月	19月	6%	5%
6	M5・F5	0	140	270	足寄町農協	–	チクレン	19月	17.5月	7%	7%
7	M6・F6・M3	0	–	400	–	チクレン	チクレン	19月	18月	5%	4%
8	M5・F5・M2	0	130	240	足寄町農協	–	チクレン	19月	17.5月	2.5%	3%
9	M5・F5	0	–	408	–	チクレン	チクレン	n.d.	n.d.	6%	10%

注：農業労働力の属性は性別と年齢を指し，M3は30代の男性，F5は50代の女性を指す。n.d.は不明。
資料：筆者の訪問調査

　飼養している牛は無いことを示している。

　また，飼養成績については，事故率が6％以上と高い農家が9戸中5戸あり，すべて預託農家である。これは，前述したように預託事業では肥育段階で抗生剤を使用できない影響が大きい。このため，預託農家では粗飼料として牧草を豊富に与えて健全な胃袋を育てることと，畜舎にゆとりを持たせ密飼いにならないことをチクレンから指導されている。一方，枝肉成績についてはB3以上の格付が5％未満の農家は2戸しかなく，十勝地方の平均的なレベルであるといえる。これは，預託事業への参加時に，それまで飼養期間が17〜18ヶ月であった農家も19ヶ月に延長したことが関係している（**第1-6表**）。ただし，農家に支払われる預託料の算定では格付は問われないため，農家は事故率の低下と日増体重の向上に力点を置いた飼養を行っている。

　では，預託事業からはどの程度の利益が得られるのか。預託農家8戸からの聞き取りによると，肥育成績の平均は枝肉重量で420〜450kgであり，チクレンが目標に定める基準値410kgを全農家がクリアしていた。この実績を農家が受け取る預託料に換算すると，子牛を約13ヶ月飼養する肥育経営では1頭当たり8万円前後，初生牛を19ヶ月飼養する一貫経営では11〜12万円になると推測できる。ここから預託農家は自家負担しているコストを差し引くと，1頭当たりの収益は肥育経営では2〜3万円，一貫経営では3〜4万円になると推測できることから，調査農家の経営規模では1,000万円前後の収益が得られているものと考えられる。飼養途中の事故率が高い農家もあり，ALICから

第 1-7 表　調査農家のチクレン預託事業に対する評価（2011 年）

a.　参加してよかったこと
　　この事業がなければ廃業していただろう　　2
　　負債の償還が進むようになった　　2
　　毎年の資金繰りに奔走する必要がなくなった　　2
　　相場に一喜一憂しなくてよくなった　　2
　　安定した収益が出るようになった　　1
　　ようやく先が見えるようになった　　1

b.　懸念していること
　　特になし　　3
　　生活できているので特になし　　2
　　指定された飼料しか使えない　　1
　　相場を気にしなくなったのはよいことなのか　　1
　　チクレン自体の経営が今後も維持できるのだろうか　　1
　　ありがたいシステムだが不思議な気がする　　1

資料：筆者の訪問調査

　の補給金も加えると年度による差は小さくないと考えられるが，概して家族経営としては十分な所得が確保されているといえる。このような一定の黒字を想定できる預託事業への参加は，相場変動が激しく，収益が安定しない乳用肥育経営では画期的といえ，これが近年の飼養頭数の維持に繋がっているといえる。

　したがって，預託農家の事業に対する評価は極めて高い。**第 1-7 表**がそれを示したものだが，安定した収益が負債の順調な償還につながっていることと，毎年度の資金繰りや相場変動を気にする必要がないことが高く評価されており，総じて飼養管理に専念できるようになったことが読み取れる。一方で，懸念している点としては，チクレン指定の飼料しか使えないことや，相場と無関係に飼養するだけという現状に対する憂いが指摘されている。また，採算的にはありがたいシステムだが，今後も維持できるのかという不安も述べられている。しかし，預託農家の大半は農協や農林中金に対して 20 年前後の負債を抱えていることから，直ちに 2 年更新のこの事業から脱退することは現実的ではない。その意味では，足寄町の乳用肥育経営は，自立した農家経営を諦め，チクレンの資金力と販売力に全面的に依存する形で再編されることで，自由化後に疲弊した状況から将来が見通せる環境にようやく辿り着いたといえよう。

V.　小括

　日米間で長らく懸案であり続けた牛肉の輸入自由化は1991年に実施された。その結果，豪州・米国産を中心に輸入量が急増したが，それは低価格なだけでなく家庭消費向け販売を念頭に置いた品質の向上を伴ったものであったため，国内の肉用牛産地に様々な影響を及ぼした。

　第1-11図はその概要を示したものだが，これによると輸入牛肉の大量流通は国産牛肉の需要を圧迫しただけでなく牛肉需要全体を押し上げたため，国産牛肉相場への影響は肉質（肉用種・乳用種）によって異なるものとなった。すなわち，輸入牛肉と肉質的に近い乳用種牛肉の価格は自由化直後に暴落し，その後も低迷しているのに対して，脂肪交雑の面で輸入牛肉と差別化されている肉用種牛肉の価格は下落幅が小さく，2000年代には輸入量の減少と和牛需要

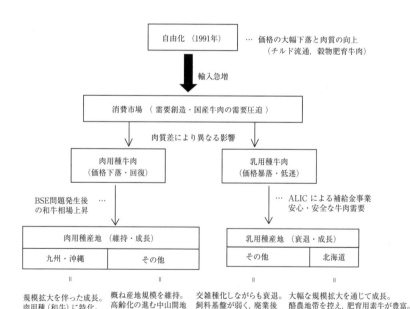

第1-11図　牛肉輸入自由化の肉用牛産地への影響
資料：現地調査をもとに筆者が作成

の高まりが相まって回復しているのである。

　このため，肉用種の産地では高齢化の進む中山間地域などで小規模農家を中心に廃業が見られたものの，概ね産地規模は維持されている。中でも，九州・沖縄地方では規模拡大を伴って飼養頭数が大幅に増加しており，自立的な経営が実現されている地域も多い。一方，乳用種の産地では，ALICの交付金で経営赤字を補填しながら，規模拡大によるコストダウンを進めた。しかし，輸入牛肉との価格競争には太刀打ちできず，交雑種の飼養割合を高めて直接的な競合を避けようとしたものの，北海道以外の大半の地域では飼養頭数を大幅に減じ，産地は縮小・崩壊した。

　では，なぜ北海道では乳用肥育経営を中心に産地を維持できたのか。日本最大の酪農地帯を控えて肥育用素牛が豊富なことや，労働市場が狭く農牧業の存続が地域経済上極めて重要なことは北海道独特の地域的背景として指摘できるが，自由化後の経営方針（低コスト化・肉質向上）の変遷や収益構造，存立基盤については未解明な部分が多い。そこで本章では，北海道十勝地方（士幌町・足寄町）を事例に自由化後の乳用肥育経営の変化について検討した結果，以下のことが明らかになった。

　まず，自由化後も産地規模が拡大している士幌町では，1970年代より農協が建設して経営者を募集して稼働させた18の肉牛センターの存在が大きい。肉牛センターでは，1,000頭以上もの大規模経営が行われているだけでなく，農協の肉牛勘定制度の下で多額の融資が継続的になされており，その経営体力の強さが自由化後の不安定な収支の中でも経営を拡大指向で維持することに繋がったのである。また，出荷される肥育牛の約60％は士幌町振興公社で食肉処理され，その全量が本州の食肉問屋に販売されるルートが確立されていることも大きい。一方，資材・飼料はほぼ全面的に購入し，出荷月齢も従来の20ヶ月から19ヶ月に短縮するなど，自由化後は肉質よりコストダウン優先の経営が指向されたが赤字の年度が大半で，相場や生産費の変動に応じたALICからの補給金なしには黒字化が困難な収益構造にあることも明らかになった。

　一方，足寄町は十勝地方で最も早く乳用肥育に取り組んだ地域であるが，自由化後は規模拡大は進まず，負債の累積で離農者も生じるなど衰退傾向すらみせた。この背景には，過疎化の進む山麓地域で雇用者を集めて企業的な経営を展

開することの困難さや，草地資源に恵まれた環境下では酪農を推進すべきという農協の考えがあった。しかし，2000年以降は残存農家の大半は「安心・安全」にこだわった牛肉作りを目指すチクレン預託事業への参加によって経営の安定を取り戻し，飼養頭数も回復している。預託事業では，素牛の導入から肥育牛の出荷まで全面的にチクレンの指導・管理下にあるため，農家主体の経営にはなり得ない。しかし，出荷した牛が一定の枝肉重量を満たせば相場に関係なく預託料が支払われるため，農家は毎年黒字を計上して負債の返済を進められるのである。ただし，採算を保証する預託料単価は，牛の健康と牛肉の安全性に価値を置く生協などとの間で割高の価格設定ができることで実現しており，今後も継続できるかは課題といえる[18]。

　以上のように，十勝地方の肉用牛飼養が近年でも産地規模を高水準で維持できている最大の要因は，ホクレンやチクレン傘下の農協組織と公社や食肉流通業者が一体となって支えていることにある。また，畜舎建設に政府補助金を活用したり，関税収入を原資とするALICの補給金事業で赤字補填されていることを勘案すると，もはや今日の乳用肥育経営は日本最大の低コスト・量産型産地においても自立的には存立しえず，業界組織や公的機関の支援によって辛うじて維持されているといえよう。つまり，自由化後の乳用肥育経営は，家族労働力を主体とした農家経営では成り立たない収益構造に陥り，従来の経営を発展的に放棄することで生き延びてきたと判断できる。

　このような地元の業界組織と公的機関に支えられた形の産地再編は，本来の農家経営からかけ離れており，望ましいことではない。しかし，肉用牛農家が地元の酪農家や畑作農家から初生牛や飼料作物を調達し，飼養過程で出る糞尿は堆肥にして地元の畑作農家に還元するという3者の連携を通じて，雇用機会に恵まれない「周辺地域」の農牧業が維持されることは，地元に根差した日本的な法人的経営の在り方として評価できる。もっとも，地元重視や「安心・安全」を謳うことでコスト削減を最優先しない経営では内外価格差の縮小には繋がらず，消費者の理解は得られない。その意味では，どのような飼養管理を行おうとも安価な牛肉生産の追及を怠ってはならないだろう。

第2章

オレンジ輸入自由化と柑橘産地の地域的再編

I．はじめに

　本章では，牛肉と同様に 1991 年に自由化が実施されたオレンジ（果汁は 1992 年）の輸入増がみかんを中心とした柑橘産地に及ぼした影響について検討する。柑橘類の自由化は，レモン（1964 年）とグレープフルーツ（1971 年）で先行して実施されており，レモンや夏柑の産地では減産や品種転換を強いられるなど少なからず悪影響が生じていた（松村，1979；守，1983）。このため，柑橘産地では品種的にみかんに近いオレンジの自由化には断固反対する運動を展開していたが，日米貿易摩擦が激化する中で輸入割当が年々増加し，1988 年には 3 年後の自由化を受諾するに至った。

　オレンジの輸入自由化を巡っては，日米農産物交渉で自由化圧力が高まってきた 1980 年代前半から様々な議論がなされてきた。そこでは，自由化レベルの輸入量を 16 万〜30 万トンと予測した上で，季節関税で輸入時期を調整すればみかんへの影響は小さいことや，みかんへの影響は甚大であるが故に生産量の激減後に価格は上昇するといった試論が出された（唯是，1982；藤谷・武部，1983）。また，みかんからの転作で増加してきた中晩柑類（みかん以外の柑橘類の総称）の方がオレンジと出荷時期が重複するため，影響が大きいことも予想された（麻野，1987）。

　しかし，自由化を直前に控えた時期になるとオレンジの輸入量が割当に満たない水準にとどまっていることに注目が集まり，この要因として既に大衆果実として定着していることや，中元の贈答品としての地位がハウスみかんに奪われてきていることが指摘され，今後も生搾りで飲む習慣などが広まらなければ需要は伸びないことが予想された（遠藤，1991；相原・中安，1992；北川，1992）。一方で，1992 年に自由化されるオレンジ果汁については，低価格な輸入果汁の急増で国内ボトラーが国産果汁の利用を激減させ，農協系の果汁工場

は経営悪化により統廃合を進めざるを得なくなることが指摘された。そして，その影響は生果みかんの需給調整機能の喪失を通じて柑橘産地に広く及ぶことが強く懸念された（日本興行銀行調査部編，1989；磯田，1992；山下，1992）。

　では自由化後，オレンジ生果および果汁の輸入はどのように推移し，それは国内の柑橘産地の再編にどのような影響を及ぼしたのか。本章では，自由化の影響がより大きかったと考えられる果汁の輸入増の影響に焦点を当てて，分析を行う。また，自由化にともなう柑橘産地の対応をマクロレベルで誘導した政府の自由化対策にも留意し，農政の転換が産地再編に及ぼした影響力についても検討する。

　手順としては，まず1980年代以降のオレンジの輸入動向を検討し，みかん農業の盛衰との関連について考察する。次に，自由化決定以降の産地の変化を農政の展開と絡めて検討する。そして最後に，オレンジの輸入動向や農政の転換が，どのような形で農家経営に影響を及ぼし産地の再編が進んだのかを，果汁加工向けみかんの比重の高かった産地を事例に明らかにする。

Ⅱ．1980年代以降のオレンジ輸入の増加とみかん農業の再編

1．オレンジの輸入動向

　第2-1図に示したように，オレンジ生果の輸入量は1980年代以降，輸入割当量の拡大に歩調を合わせて増加し続け，自由化後も寒波の襲来で米国カリフォルニア州が不作となった1991年を除くと，1994年の19万トンまで増加し続けた。しかし，その後は輸入相手国を多様化させながらほぼ一貫して減少し，2002年以降は自由化が決定した1988年以前のレベルにまで落ち込み，回復の兆しが見えない。減少に転じて以降に対日輸出を伸ばしたのは主に豪州・南アフリカ共和国・チリなど南半球の3ヶ国で，米国のシェアは1994年の96％から2002年以降は70％台半ば以下にまで低下している。また，輸入時期については，自由化前にみかんの流通時期との重複を避けるために輸入割当量の約40％を6～8月に設定していたいわゆる「季節枠」が廃止されたため，3～4月の輸入量が相対的に増加した。また，南半球産オレンジの輸入は米国産バレンシア種を追いやる形で8～11月に集中しており[19]，自由化後は需要

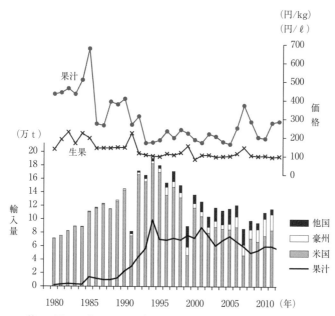

第2-1図　日本のオレンジ生果・果汁の輸入量と価格の推移

注：果汁は濃縮果汁のみの数値である。
資料：日本貿易月表

　の高まったネーブル種がグローバルに周年で調達されるようになったといえる（川久保，2006）。

　一方，価格も自由化後に大きく変化している。**第2-1図**によると自由化前にはkg当たり150円を下回ることはなかったが，自由化後はカリフォルニア州の寒波などで輸入量が急減した1999年と2007年以外は100円前後という低水準で定着している。また，中元需要などで夏期に大きくなっていた価格の季節差もほとんどなくなった（川久保，2006）。総じて，自由化後のオレンジ生果は希少品としての価値を失うだけでなく，消費量自体も落とすことになったといえ，自由化前の予想を大きく裏切ったといえよう。

　次に，オレンジ果汁の輸入動向については，生果とは対照的に自由化後に急増し，その後も濃縮果汁ベースで5～7万キロリットル（生果換算で80万トン前後）という高水準で推移している（**第2-1図**）。また，価格は自由化前のキロリットル当たり300円台から200円前後へと大きく下落し，400円台だっ

た国産みかん果汁(愛媛県青果連資料より)との価格差は埋めがたいものとなった。このような急激な下落の要因としては，自由化後に急増した世界一のオレンジ生産国ブラジルからの輸入が極めて合理的に行われるようになったことが挙げられる。自由化2年後の1994年には，茨城県に米国系，愛知県にブラジル系のアグリビジネスがオレンジ果汁貯蔵施設を建設したが，中でも愛知県の(株)日本ジュースターミナルによるバルク物流システムは画期的なものであった。このシステムの最大の特徴は専用タンカーによる輸入，巨大なタンクによる貯蔵，タンクローリーによる配送にあり，低コストで年間通じて果汁を安定供給できるため，ボトラー等ユーザーにとっては在庫を適正量に保てる点で歓迎されている（川久保，1997）。

　以上のように，オレンジの輸入自由化は生果と果汁とで明暗を分ける結果となったが，自由化を強く求めた米国の利益の観点からは，一層皮肉な結果となっている。それは，生果ではシェアの低下と量的な減少に加えて価格の下落も大きかったため，金額ベースでは2002年以降は1994年の60％程度に当たる110億円前後で推移していることと，果汁では対日輸出を伸ばしたのは主にブラジルで，1990年代に20％にまで高まった米国のシェアは2010年以降5％にも満たない状況にあることに表れている（日本貿易月表より）。つまり，オレンジの自由化は牛肉とは異なり，米国の国益にはならなかったといえよう[20]。

2．みかん農業の縮小再編

　では，オレンジの輸入増加に対して国内のみかん農業はどのような影響を受けたのか。**第2-2図**は1970年代以降のみかん生産の動向を示したものだが，これによるとみかん生産のピークは1970年代前半で，オレンジの輸入が本格化してきた1980年代には既に縮小過程に入っていたことがわかる。みかん産地では，1972年の価格暴落を機に需給バランスの改善のために中晩柑類への転作が強力に進められ，1979年からは3万ha規模の減反も実施された（伊東，1984）。したがって，オレンジの輸入増がみかん生産の縮小の契機になったとはいえない。

　しかし，将来の自由化が決定した1988年以降には，2つの大きな変化がみられる。1つは，卸売価格が上昇したことである。1980〜1988年の東京市

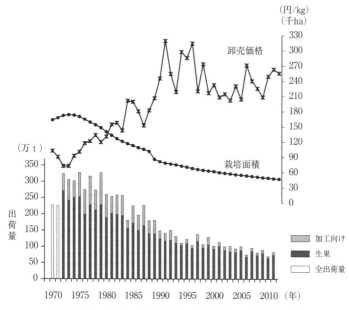

第2-2図　みかんの栽培面積・出荷量および価格の推移

資料：果樹生産出荷統計，東京都中央卸売市場年報

場の価格は，不作で高騰した1984年を除くと150円前後で推移していたが，1989年以降は200円台に急上昇している。これは，1988〜1990年にかけて実施された柑橘園地再編対策事業によって栽培面積が20％以上減少し，需給バランスが回復したことによる。もう1つは，加工向け出荷量が激減したことである。1988年以前の加工向け出荷量は40万トン以上（生産量全体の20％以上）もあったが，輸入果汁が急増した1994年以降は概ね10万トン程度（同10％前後）にまで減少している。これは，国産果汁が輸入果汁との価格競争に敗れたためで，みかん産地は果汁向け出荷量の調整で生果の価格支持を図るという販売戦略を取れなくなった。

　以上のように，オレンジの輸入自由化はみかん生産の縮小の契機になったわけではないが，生果価格の上昇と加工向け出荷の激減という形で，みかん農業ならびに産地の再編に大きな影響を及ぼしたといえる。もっとも，自由化を機に生果と果汁が辿った対象的な経緯は，政府が自由化決定後の3年間（以下，

自由化移行期）に実施した「保護から競争力強化へ」という自由化対策のための政策転換によってもたらされた側面が強い。そこで以下では，この点について検討する。

Ⅲ．自由化決定後の農政の転換と農協系果汁工場の経営悪化

1．みかん農業における保護農政の転換

　自由化前には，みかんとの競合を避けるためにオレンジの輸入には様々な規制が設けられていた。それは，生果における輸入数量の制限と輸入時期の季節枠の設定，ならびに果汁における輸入数量制限とみかん果汁との混合規制（ブレンド義務）である。また，果汁の輸入は JAS 格付を行う 4 業界団体に限定され，かつその約 70％は果汁農協連を通じて農協系工場に割り当てられていた。これは，一般のボトラー各社が柑橘系ジュースを製造・販売するためには農協系工場から果汁を購入するか製造委託しなければならなかったことを意味する。つまり，当時の柑橘系ジュースの製造・販売のあり方はほぼ完全に農協系工場の営業方針に規定されていたのである。しかし，自由化後はこれらの規制はすべて解除されるため（混合規制は 1990 年に解除），農政は自由化移行期に従来の保護基調から自由化に耐えうるみかん農業の確立へと大きく舵を切り，以下のような政策を打ち出した。

　まず，生果への対策としては，1988 〜 1990 年の 3 年間に柑橘園地再編対策事業を実施した。これは，みかんの需給バランスを回復させると同時に品質不良園の廃園を強力に推進し，みかんの品質を向上させることを目指したものである。そのため，各県に減反目標を示した上で，10a 当たり約 30 万円の減反奨励金を交付した。その結果，**第 2-1 表**に示したように大幅な減反が達成されたが，愛媛・和歌山・静岡・熊本・広島の 5 県では減反目標面積の達成率，および 1988 〜 1991 年のみかん栽培面積の減少率がともに低く，他の 10 県との間に格差がある。これらの 5 県は 1972 年以降も比較的減産が少ない，いわば優良園が多い産地でもあることから（川久保，2007），この減反政策は不良園の多い産地でより徹底して進み，みかん農業全体としては生果の品質向上と需給バランスの回復の両方に結びついたと評価できる。

第2-1表　自由化移行期におけるみかん園の減反実績と栽培面積の減少の地域差

	〈柑橘園地再編対策事業〉				栽培面積		減少率
	目標面積		実績	達成率	1988年	1991年	88〜91年
愛媛	3,040ha	(22.5)	2,303ha	75.8%	13,500ha	10,500ha	22.2%
和歌山	2,420	(22.6)	1,906	78.8	10,700	8,620	19.4
静岡	1,930	(20.4)	1,492	77.3	9,460	8,510	10.0
熊本	1,900	(21.8)	1,379	72.6	8,700	7,210	17.1
広島	1,100	(21.9)	828	75.3	5,030	4,020	20.1
佐賀	1,940	(21.4)	1,680	86.6	9,060	6,860	24.3
長崎	1,630	(19.3)	1,568	96.2	8,430	6,420	23.8
福岡	1,220	(25.1)	1,103	90.4	4,870	3,550	27.1
大分	1,070	(22.7)	941	87.9	4,720	3,100	34.3
鹿児島	630	(21.1)	570	90.5	2,980	2,120	28.9
香川	670	(23.6)	628	93.7	2,830	1,980	30.0
山口	510	(19.2)	437	85.7	2,660	2,150	19.2
宮崎	550	(21.6)	591	107.5	2,550	1,850	27.5
神奈川	570	(22.4)	476	83.5	2,540	1,960	22.8
徳島	500	(21.7)	578	115.6	2,300	1,560	32.2
その他	1,960	(18.4)	1,292	65.9	10,670	7,890	26.1
全国	21,640	(21.4)	17,769	82.1	101,000	78,300	22.5

注：目標面積の（　）は，1988年の栽培面積に占める減反目標面積の割合である。
資料：中央果実基金資料，果樹生産出荷統計

　一方，果汁への対策は極めて厳しいものであった。自由化前のみかん果汁の製造（搾汁・ボトリング）の大部分は，みかんの生産過剰が顕在化してきた1970年代に設立された農協系列の工場（以下，農協系工場）によって担われていた[21]。しかし，一般の飲料メーカーほどの規模や販売力がなかったため，農協系工場は原料みかんを極めて低価格でしか購入できず，必ずしも農家からスムーズに入荷できなかった。そこで政府は，1972年に加工原料用果実価格安定対策事業を創設し，原料みかん価格の下支え（価格支持）を行うようになった。**第2-3図**は，支持価格としての保証基準価格[22]と平均取引価格（工場購入価格）および生果の卸売価格の推移を示したものだが，保証基準価格は事業開始時から徐々に引き上げられ1980年代はkg当たり40円近くを維持していた。しかし，1989年から徐々に引き下げられ1994年以降は20円を下回るに至ったが，この間に生果価格は大きく上昇したため，両者の差は歴然としたものとなった。保証基準価格の引下げは，工場が経営の合理化を通じて競争力を高めることを促すための措置だった。しかし，以下に述べるように農協系工場の採算は向上せず，原料みかんの処理量は低迷することになった（**第2-3図**）。

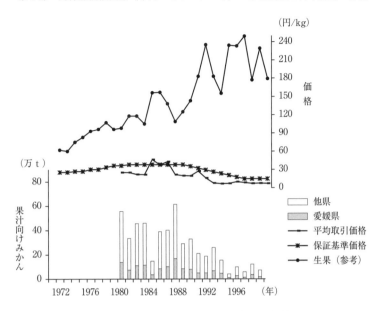

第2-3図　果汁加工向けみかんの出荷量と取引価格の推移

注：生果価格は３類市場（人口５万人以下都市）の数値で示している。
資料：中央果実基金資料，青果物卸売市場調査報告

２．農協系果汁工場の経営悪化とみかん産地への影響

　以上のように，果汁部門への政策的保護が弱まる中，農協系工場の経営はその後どうなったのか。**第2-1図**に示したように，オレンジ果汁の輸入量は自由化を機に急増し，みかん果汁を上回るまでになった。これは，低価格を前面に出したオレンジ100％ジュースの消費が急増したからで，農協系工場のみかん果汁部門は以下の２点において経営を大きく圧迫された。１つめは，みかん100％ジュースの収益性の低下である。これは，オレンジ果汁との価格競争に晒されて値下げを余儀なくされた結果である。２つめは，みかん果汁の販売不振と使用減による在庫の増加である。これは，各県工場の自己ブランド製品の販売不振だけでなく，ボトラー各社からの委託製造でもみかん果汁の使用量が激減したことが主な要因である[23]。つまり，自由化前は混合規制があったため，柑橘系ジュースの原料には主にみかんが使用されていたが，自由化後はよ

り安価なオレンジを使用するようボトラーから要請されるようになったのである。この結果，事業規模の小さかった三重県と徳島県の農協系工場は，それぞれ1991年と1999年に操業を停止した。

　では，農協系工場の経営悪化は産地にどのような影響を及ぼしたのか。これについては，次の2点が指摘できる。1つは，みかん果汁製品の販売不振のため，自由化後は工場購入価格の引上げができず低水準で定着したため（**第2-3図**），加工向けみかんの収益が著しく悪化したことである[24]。もう1つは，工場が在庫削減を行うために搾汁量（加工向けみかんの購入量）を制限し，従来ほど生果の需給調整機能を発揮できなくなったことである。この結果，豊作の続いた2000年代初頭には生果価格の低迷から逃れることができなかった（**第2-2図**）。

　以上のように，農政は果汁に関しては，加工向けみかんの販売からも一定の利益を生み出し，かつ生果の需給調整機能も果たすことで農家経営を安定させるという，従来の保護基調から完全に転換したといえる。これは，農家に対して加工向け品質のみかんを作らないよう促したものと解釈できるが，産地段階では低品質な果実から順に加工向けに振り向けられている現状を踏まえると，この政策転換は栽培不適地の多い産地に対してより大きな影響を及ぼしたと考えられる。

Ⅳ．オレンジ輸入自由化による柑橘産地の縮小再編

1．自由化と柑橘産地の地域的盛衰

　オレンジ輸入の自由化は，日本のみかんを中心とした柑橘産地にどのような影響を及ぼしたのか。前述したように，自由化後に顕在化した変化としては，自由化移行期の農政の転換を媒介とした生果相場の上昇と果汁加工事業の衰退が大きかった。そこで以下では，自由化が決定した1988年を起点に，その後の産地の盛衰を検討する。

　第2-4図は，自由化移行期以降の柑橘栽培の分布変化と1988年時点の加工向けみかん生産の地域差について示したものである。これによると，1988年には柑橘産地は神奈川県以西の太平洋側に広く分布しており，その中心は和歌

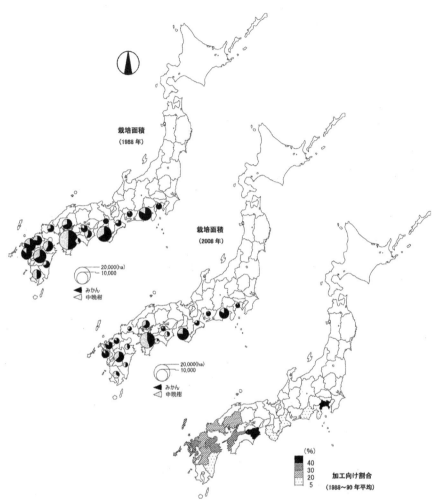

第2-4図　自由化移行期以降の柑橘栽培の分布変化と加工向け出荷割合の地域差

資料：果樹生産出荷統計

山・愛媛県および九州地方北部にあったことがわかる。しかし20年後の2008年には，全般的に中晩柑類の比重を高めながらも栽培面積は大きく減少している。したがって，柑橘農業では肉用牛飼養とは異なり，自由化を機に発展した産地はなかったといえる。もっとも，衰退にも地域差があり，静岡・和歌山・愛媛・熊本など伝統的な柑橘産地では比較的減少率が低い。また，東海・近畿地方では自由化後に若干，みかんの比重が高まっているが，これはハウス化や晩生系品種の貯蔵，糖度別出荷によるブランド化など，みかんを高値で販売するための取組みがなされた成果である。一方，自由化前に加工向けみかんの出荷割合が高かった産地は中国・四国・九州地方に多かったが，これらの産地は自由化後の栽培面積の減少率が高かった地域と概ね一致している（**第2-4図**）。

　したがって，自由化移行期以降の柑橘産地は，全体としてみかんから中晩柑類[25]への転作を進めながらも，加工向けみかんの出荷割合の高かった産地を中心に著しく衰退したといえる。

　そこで本章では，自由化にともなう柑橘産地の縮小再編の実態分析を行うために愛媛県を事例とする。愛媛県は日本最大の柑橘産地であると同時に，1988年以降のみかん栽培面積の減少率と加工向けみかん出荷割合がともに高く（**第2-4図**），果汁の自由化の影響を分析する上では適していると考えられる。

2．愛媛県西条市丹原町における自由化後の柑橘農業の変貌

（1）愛媛県の柑橘農業の概要

　愛媛県でのみかん栽培は，明治初期に南予地方（愛媛県南部）の吉田町で始まり，その後八幡浜市，中予地方，島嶼部へと産地が広がった。そして，戦後には県内各地に設立された青果専門農協が中心となって増産を進めた結果，1970年には静岡県を抜き日本一のみかん産地になった。その後，1970年代後半以降は生産過剰となったみかんの需給バランスを回復させるため，伊予柑など中晩柑類への転作を推し進めた。その結果，みかん栽培面積は20年余りで半減したが（川久保，2007），現在でも日本一の柑橘産地であり続けている。

　では，自由化が決定した1988年には愛媛県のみかん栽培はどのような地域的特徴を有していたのか。**第2-5図**はこれを示したものだが，みかん栽培は東予と南予地方の一部を除き，沿岸部のほぼ全域に分布していることがわかる。

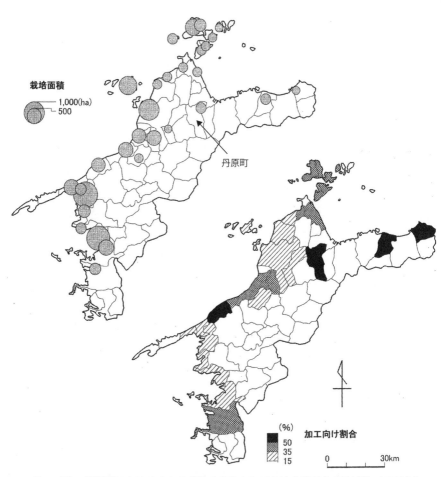

第2-5図　愛媛県におけるみかん栽培の分布と加工向け出荷割合の地域差（1988年）
資料：果樹生産出荷統計

　加工向けみかんの出荷割合については東予地方（愛媛県東部）と島嶼部で高い
傾向にあり，中には50％を超える「加工向けみかん産地」と称すべき地域も
存在している。また，1970年代後半以降の変化としては，中予地方では伊予
柑への転作が大規模に進んだことが，東予地方と島嶼部では柑橘栽培面積の減
少率が高いことが指摘できる（川久保，2007）。したがって，加工向けみかん
の出荷割合の高い産地は一般に，みかんから中晩柑類への転作が進まず産地が

衰退傾向にあると位置づけられよう。

　そこで以下では，自由化後のみかん産地の縮小再編を詳細に分析するための調査対象地域として西条市丹原町（以下，丹原町）を選定する。理由は，自由化直前の 1988 年に，みかんの加工向け出荷割合が川之江市・土居町・長浜町と並んで 50％以上を記録しており，典型的な加工向けみかん産地といえること（**第 2-5 図**），および愛媛県でみかん果汁製造が本格化した 1970 年代初頭に加工向けみかん専用園の設定を模索した経験を持つ先進的な加工向けみかん産地であったことである。

（2）丹原町の概要と柑橘農業の盛衰

　丹原町は東予地方の中央に位置する小さな町で（**第 2-5 図**），2004 年に隣接する東予市・小松町とともに西条市に合併した。町内には雇用創出力のある企業が少ない一方で近隣の都市では新産業都市の指定を受けて工業化が進んだため，戦後は一貫して人口流出が続き，現地調査を実施した翌年の 1995 年時点では人口約 1.4 万人のうち高齢者は 20％を超えていた。農業についても衰退傾向にあるが，就業人口比で 23％と比較的高い割合を維持しており，町の基幹産業の 1 つであり続けている（国勢調査報告より）。

　みかん栽培は，一部の先進的農家によって明治末期には始まっていたとされるが，戦前は養蚕・柿樹栽培の方が盛んで，集団的産地は形成されていなかった。この理由の 1 つに自然条件に恵まれていなかったことがある。具体的には，気候面で南予地方などと比べて冬季の気温が低く秋季の降水量が多いこと及び日照量が少ないことで，しばしば冬季の寒害で深刻な被害を被ってきた[26]。また，地形的に緩傾斜地に果樹園が多く排水性が良好とはいえず，土壌の面でも南予地方に比べて土層が浅く腐植が少ない傾向があり，高品質なみかんを作る上での条件には恵まれていない。このため，生産過剰が顕在化して価格低迷が続いた 1972 年以降は産地間競争で苦戦を強いられるようになり，栽培面積は減少に転じた（**第 2-6 図**）。また，減産の過程で加工向け出荷割合は急激に高まり，1970 年代後半には 60％超が定着するなど典型的な加工向けみかん産地となった。

　では，みかん生産が衰退に転じる中で，丹原町の農業はどのように推移して

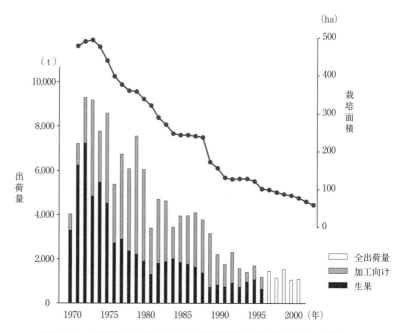

第2-6図　丹原町におけるみかんの栽培面積と用途別出荷量の推移

資料：愛媛県農林水産統計年報

きたのか。**第2-2表**で1975年以降について概説すると，まず農業労働力については，戦後早くから進んでいた兼業化が1985年にかけて一層顕著になっており，みかん作の経営悪化と軌を一にしている。この結果，後継者不足による高齢化も深刻化し，自由化後の1995年には90％近くの農家で60歳未満の男子専従者が不在となっている。次に，土地利用については，田畑と比べて樹園地の減少度が高い。果樹では，みかんから中晩柑類への転作が進められたがそれほど定着せず，1990年代以降は戦前から盛んであった柿栽培が再び増加するなど，基幹品種は交代している。一方，農家の主要収益部門は稲作と果樹で大きな変化はない。1990年にかけては施設栽培や野菜の比重が若干高まっているが，その後の伸びは決して高くない。

　以上のように，丹原町の農業はみかん作の動向と軌を一にするように衰退傾向を強めてきたが，自由化はこれにどのような影響を付加したのか。この点

第 2-2 表　丹原町における 1970 年代後半以降の農業構造の変化

	1975 年	1980 年	1985 年	1990 年	1995 年	2000 年	2005 年
農家数	2,202	2,162	2,046	1,451	1,343	1,220	1,015 戸
第 2 種兼業率	62.2	66.2	61.4	58.2	57.4	58.1	48.8%
高齢農家率	76.3	80.3	81.3	81.1	86.4	85.7	84.1%
田	958	960	927	888	856	811	731 ha
畑	72	57	80	56	62	71	53 ha
樹園地	754	704	647	545	468	414	331 ha
みかん	544	392	220	127	75	41	27 ha
中晩柑	?	49	163	117	80	58	38 ha
柿	116	129	158	166	198	188	156 ha
果樹園規模	0.50	0.48	0.49	0.57	0.54	0.61	0.61 ha
耕作放棄地	6	14	31	60	44	67	77 ha
販売1位部門(%) 稲作	54.2	48.2	47.6	47.3	51.5	46.5	44.1%
果樹	31.9	32.2	29.0	30.5	30.8	35.2	33.7%
施設	2.8	6.3	8.7	10.7	7.7	9.2	11.1%
野菜	2.5	3.5	5.2	4.1	2.5	1.8	3.1%
工芸	3.2	2.7	2.4	0.9	0.5	0.2	0.2%
畜産	4.2	4.7	4.4	3.7	2.9	3.0	3.3%
その他	1.2	2.4	2.7	2.8	4.1	4.1	4.5%

注：高齢農家とは 60 歳未満男子専従者がいない農家を指す。 2000 年と 2005 年の販売 1 位
　　部門は単一経営・準単一経営農家のみで，施設栽培は野菜で代用している。
資料：農業センサス

を，自由化決定後に実施された柑橘園地再編対策事業の実績で検討すると，丹原町では，みかん園の転換率（減反への参加率）が愛媛県内の他地域のよりかなり高い（愛媛県農林水産部資料より）。また，転換の内訳として廃園は少なく，他果樹への転換率が高い，中でも柿への転換が際立っているという特徴がある。つまり，丹原町では減反交付金の交付を契機に低収益のみかん作に見切りをつけ，産地内の果樹作のもう 1 つの柱で収益も安定していた柿への転作を進めた農家が多かったのである。これにより，みかんと柿の果樹作における地位は逆転することになった（**第 2-2 表**）。

　では，自由化後はどのように推移したのか。以下では，より詳細な分析を行うために，筆者が 1994 年 8 月・9 月に実施した実態調査をもとに検討する。また分析に際しては，みかんの生産過剰対策として転作など生産調整が行われ始めた 1973 年から自由化決定直前の 1987 年までを生産調整期，柑橘園地再編対策事業が実施された 1988 〜 1990 年を自由化移行期，生果の自由化が実施された 1991 年以降を自由化以降期，と 3 区分して議論を進める。

（3）丹原町における自由化にともなう柑橘農業の変貌

　筆者が現地調査を行ったのは，丹原町で最も柑橘栽培が盛んな長野地区（西長野・中長野集落）である。長野地区は，**第2-7図**に示したように丹原町北部の関屋川扇状地の扇央部に位置し，それぞれ約40戸の農家からなっている。果樹作は戦前から盛んに行われており，戦後も1960年代後半に行われた道前道後平野農業水利事業によるスプリンクラーの設置を梃子に果樹作，特にみかん作が大きく発展した。しかし，生産調整期以降は町全体の動向と同様にみかん生産は衰退傾向にあり，加工向けみかんの出荷も多い。そのような中，筆者が訪問調査を実施したのは，西長野集落13戸・中長野集落10戸の計23戸である（**第2-3表**）。その23戸の内訳は長野地区の平均より専業農家の割合が高く，経営規模も若干上層に偏っているが，ほぼ全階層を網羅しており，当地の農業の全体像を見出す上では差支えないと思われる。

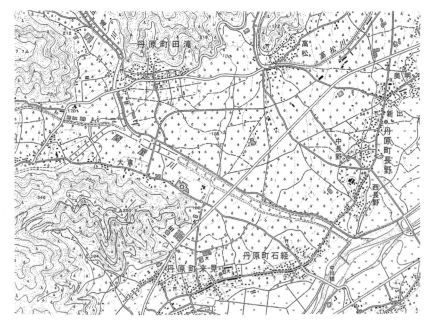

第2-7図　丹原町長野地区における果樹栽培地域の概観（2005年）

資料：国土地理院2万5千分の1地形図「伊予小松」を一部改変

では，長野地区の農業経営にはどのような特徴があるのか。生産調整期以降，柑橘農業はどのような経過を辿り，自由化を迎えたのか。以下，調査農家の農業労働力と農地利用の特徴，自由化を経て変化したみかん作の経営上の位置づけに注目して考察を行う。

まず，農業労働力については，**第2-3表**に示したように1994年時点では兼業化・高齢化が著しく進んでおり，労働力基盤の弱体化が著しいといえる。すなわち，専業農家は23戸のうち11戸あるものの，60歳未満の男子専従者がいる農家は6戸しかなく，70代のみでの経営もみられる。このため，大半の農家で果樹の収穫期を中心に雇用労働力を活用している。だだし，兼業農家を含めて約70％の農家で後継ぎが同居していることから，今後も基幹労働力が

第2-3表　長野地区の調査農家における農業経営の概要（1994年）

農家No.	専兼業別	出荷形態	農業専従者	後継同居	雇用日数	経営面積	園地数	所要時間	みかん	中晩柑	ハウス	キウイ	柿	梅	米	その他	廃放任園(a)	加工割合
1	II	個人	なし	○	400	342	8	5分	70	0	0	0	128	0	0	144	0	13%
2	専	業者	M4, F4	×	30	288	5	3分	113	100	0	75	0	0	0	0	0	0
3	I	業者	M6, F5	○	50	260	6	3分	66	194	0	0	0	0	0	0	69	32
4	専	農協	M7, F7, M4, F4	○	270	199	6	10分	10	125	14	10	20	0	20	30	0	50
5	専	農協	F6, M4, F4	○	30	192	7	5分	0	103	22	20	37	10	0	0	0	—
6	専	業者	M8, F7	×	?	190	3	5分	0	0	0	0	190	0	0	0	128	—
7	I	農協	M5, F4	○	20	187	4	5分	0	32	47	40	12	0	56	0	0	—
8	I	農協	M5, F4	○	40	187	7	5分	0	45	36	26	30	0	50	0	0	—
9	I	農協	M5, F5	○	60	178	8	3分	0	80	21	4	17	56	0	0	0	—
10	専	農協	M7, M4, F4	○	8	172	5	5分	10	70	30	62	0	0	0	0	0	3
11	専	農協	M7, F7	×	—	153	5	5分	7	65	0	14	4	10	36	17	0	90
12	II	農協	M7, F7	○	—	142	2	3分	20	20	0	20	5	20	50	7	0	70
13	II	農協	M7, F7	○	10	138	3	3分	11	60	8	17	0	12	30	0	0	30
14	専	農協	M5, F4	×	45	137	5	7分	0	64	28	0	0	0	20	0	88	—
15	専	農協	F7, M4, F4	○	100	130	5	5分	5	0	20	0	30	0	40	35	140	?
16	II	農協	なし	○	100	115	3	3分	45	0	7	20	20	0	23	0	0	20
17	II	農協	M6, F6	○	10	108	10	3分	17	38	0	22	3	0	28	0	0	100
18	専	農協	M6, F6	?	40	97	3	5分	0	35	22	20	20	0	0	0	0	—
19	II	業者	なし	○	40	83	3	3分	26	57	0	0	0	0	0	0	0	66
20	II	農協	なし	×	?	74	2	5分	24	0	0	0	0	0	30	0	20	100
21	専	農協	M6, F5	×	?	60	3	?	30	20	0	20	0	0	0	0	40	?
22	II	農協	なし	○	—	55	5	5分	0	29	0	10	0	8	0	0	0	100
23	II	農協	M7, F6	○	—	38	5	5分	20	15	0	0	3	0	0	0	0	75

注：農業専従者のM5は50代の男性を，F4は40代の女性を指す。雇用日数は延べ日数で示している。
　　所要時間は，自家から最も遠い園地まで自動車で要する時間である。
　　栽培品目のハウスは柑橘類の施設栽培を，下線は各農家の販売1位品目を指している。
資料：筆者の訪問調査およびアンケート

町外に通勤兼業しながら粗放的な営農を継続することは可能であると考えられる。

　農地については，半数以上の農家で所有園地が5ヶ所以上に分散し零細だが，長野地区の果樹園の多くが扇央部に位置しているため（**第2-7図**），その大半が自宅から車で5分以内の平坦地にある。これは，園地の多くが急傾斜地にある伝統的産地と比較すると，農作業効率の面で有利な条件にあるといえる。栽培品目については果樹が中心だが，みかんの栽培面積はハウスを含めても707aで，全体の20％に過ぎない。最も多いのは伊予柑などの中晩柑類を主とした経営で，みかん作が経営の1位部門という農家は皆無である。また，丹原町全体では稲作を1位部門とする農家が40％以上いるが，調査農家にはみられない。

　このように，1994年時点ではみかん作は完全に経営的に従の位置に置かれているが，どのような形態で存在しているのか。これを，経営規模の差異に着目してみると，以下の4点が指摘できる。1つめは，みかん作は経営面積が200a以上の大規模層で盛んな一方で，長野地区の平均規模である120a以下の小規模層でも行われていることである。2つめは，大規模層では加工向け出荷割合は低いが，小規模層では非常に高く，中には100％という農家も存在することである。つまり，大規模層は生果出荷を目的にみかん栽培を行っているが，小規模層は粗放栽培で結果的に加工向けになってもよいと考えているのである。3つめは，大規模な3農家（No.1〜3）はみかん出荷を集出荷業者への委託，もしくは個人で行っていることである。これは，みかん販売に関して農協共選よりも集出荷業者の方が販売単価の面で高く売る実績があるからで[27)]，これも生果出荷を中心に収益を高めようとしていることを示している。4つめは，柑橘園の廃園・放任はかつて経営面積が200a以上あった大規模層に多いが，これはより利益のでる施設栽培やキウイ栽培に経営を集約化する過程で生じたものである。また，100a未満の小規模層でも第2種兼業や高齢専業の農家で廃園・放任園が見られ，労働力の弱体化が進む過程で今後も一層増加するものと考えられる[28)]。したがって，現存するみかん栽培農家には極めて大きな階層間格差があり，すべての農家がみかん作を粗放的に行っているわけでも，加工向け出荷を指向しているわけでもないといえる。

　では，このようなみかん作を従とした現状は，どのような経営転換を経た
結果なのか。これを栽培品目の転作と農地の流動化を中心に考察する。**第2-4
表**は，調査農家の生産調整期以降の転作の経過を示したものだが，これによる
と丹原町でみかん栽培がピークであった1972年には，みかんを基幹作物とし
た農家経営が大半であった状態が，その後大きく変化していることがわかる。
　まず，生産調整期（1973〜1987年）には，1972年に存在していたみかん園の
約70％に当たる1,476aが，伊予柑・キウイ・ハウスみかんなどに転作され激
減している。これは，長引くみかん価格の低迷を反映した変化であるが，導入
作物として愛媛産ブランドが確立し収益も安定していた伊予柑があったとい

第2-4表　長野地区の調査農家における転作と農地流動の推移（単位：a）

		生産調整期 (1973〜87年)		自由化移行期 (1988〜90年)		自由化以降期 (1991年〜)	
転作による増減	減少作物	みかん	1,476	みかん	351	みかん	90
		伊予柑	225	伊予柑	222	伊予柑	257
		他の中晩柑	222	他の中晩柑	189	ハウス	50
		米	151	その他	56	キウイ	151
		その他	10			その他	43
		計	2,084	計	818	計	591
	増加作物	伊予柑	1,108	ハウス	62	みかん	68
		他の中晩柑	139	キウイ	116	柿	187
		ハウス	198	柿	232	梅	59
		キウイ	410	梅	45	その他	70
		その他	179	その他	58		
		計	2,034	計	513	計	384
農地流動による増減	廃園・放任園	みかん	50	みかん	185	みかん	84
				他の中晩柑	40	伊予柑	25
						他の中晩柑	10
						ハウス	25
						キウイ	63
		計	50	計	225	計	207
	売却・貸出			みかん	10		
				伊予柑	20		
				他の中晩柑	10		
				米	40		
				計	80		
	購入・借入			みかん	10		
				キウイ	10	柿	30
				梅	12		
				米	40		
				計	72	計	30

注：ハウスは柑橘類の施設栽培を指す。
資料：筆者の訪問調査およびアンケート

う背景も見逃せない。また，施設設置の面で先行投資を要するハウスみかんや
キウイを1970年代から導入したことで，いわば創業者利得を獲得した農家も
多かった。次に，自由化移行期（1988～1990年）になると，柑橘園地再編対
策事業の減反奨励金を利用してみかんの転作がさらに進んだ。また，この時期
の大きな変化として，伊予柑が減少作物に転じたことと，柿への転作が急増し
増加作物の1位になったことが挙げられる。そして自由化移行期（1991年～）
には，キウイも減少作物に転じる一方で，梅が増加作物として定着してきた。

このように，長野地区では1973年以降みかん作が衰退していく過程で，伊
予柑・キウイ・ハウスみかん・柿・梅など多種類の作物を導入したが，みかん
に換わる基幹作物とはなり得ていない。唯一，柿は従来から丹原産ブランドが
確立されていたこともあり，今後も栽培は継続すると考えられるが，調査農家
の中でNo.6農家以外では経営の中心には据えられておらず，導入すべき作物
が見当たらないのが現状といえる。

次に，農地の流動化については，**第2-4表**によると次のような特徴が指摘
できる。まず，貸借・売買については非常に少なく，特にみかん・中晩柑類の
園地に少ないことである。これは，兼業化・高齢化の進展によって規模拡大を
指向する農家がほとんど存在しないことと，みかん・中晩柑類の収益が悪く購
入希望者がいないことを反映したもので，若年農業専従者のいる農家への園地
集積の動きはみられない。また，農地の増減については，減反奨励金が出た自
由化移行期に廃園が急増しているが，この他にも注目すべきことがある。それ
は，廃園・放任園はすべて柑橘園であることと，自由化移行期にも放任園が出
ていることである。これは，農家の高齢化による耕作放棄が，機械化が困難で
収益性も悪い柑橘園から進んだことと，高齢者のみの農家にとっては伐採とそ
の後の園地管理コストを考慮すると10a当たり約30万円の減反奨励金では魅
力がなかったことを意味している[29]。さらに，自由化以降期にも廃園・放任
園が大量に出ているが，これは果汁自由化後の加工向けみかんの工場購入価格
が下落して農家の収益をさらに悪化させた[30]結果である。

したがって，柑橘類に換わる作物の不在，農家の兼業化・高齢化，加工向け
みかんの価格低迷が続くかぎり，みかん園の廃園・放任園が生果出荷を指向し
ていない小規模な兼業・高齢農家を中心に増加し続けると考えられる。そして

これは，周囲の農地の営農環境の悪化にも繋がり³¹⁾，産地の縮小再編に拍車
をかけると思われる。

（4）自由化と加工向けみかん栽培の衰退過程

　以上のように，丹原町では1970年代半ばより柑橘農業は大きく縮小再編さ
れてきたが，これを自由化の影響を踏まえて要約すると，**第2-5表**のように
なる。

　まず，生産調整期には兼業化が進む過程で，後継者のいる大規模専業層（以下，
専業層）と兼業もしくは高齢者専業の小規模層（以下，兼業層）とに農家群が
分化したが，その後のみかん作は両層でいわば跛行的に展開するようになった。
すなわち，専業層は収益の悪化したみかん作に見切りをつけ経営の脱みかん化
を進めたが，兼業層は農外所得に頼れるため，みかん園は粗放経営という形で
多くが残存した。これが自由化移行期になると，専業層は減反奨励金を用いて
さらにみかん園の廃園化を進めたため，みかん園は一部の生果出荷を強く指向
する農家を除き，ほぼ皆無になった。しかし，兼業層は廃園にかかる労働力と
コストを考慮すると廃園には踏み切れず，加工向け出荷を前提とした粗放経営
を継続した。こうした中で自由化以降期になり，加工向けみかん価格がさらに
低下すると，兼業層はみかんの収穫を放棄し，放任園が続出することになった。
なお，**第2-6表**に示したように，現在でも加工向けを主体にみかん栽培を継
続している農家の意識としては，「先祖代々受け継いだ農地だから維持したい」

第2-5表　丹原町におけるみかん農家の経営縮小および廃園・放任園化のプロセス

	生産調整期 （1973〜87年） 〈自主的生産調整〉	自由化移行期 （1988〜90年） 〈補助金付き減反〉	自由化以降期 （1991年〜） 〈果汁価格低下〉
専業農家層 （後継者あり）	みかんの大部分を転作。1970年代後半から伊予柑・ハウスみかん・キウイの栽培が増加する。	残存していたみかん園を廃園化する。中晩柑類をさらに転作し，柿・梅などの栽培も見られ始める。	わずかにみかん園を残していた農家も，加工向けみかんの割合が少ないため，ほとんど影響なし。
↕ 70年代半ばに分化			
兼業農家層 （高齢者従事）	みかん栽培の粗放化が進み，他の柑橘・果樹への転作もあまり進展せず。	みかん栽培は加工向け出荷を念頭に置きながらの粗放放的な経営で存続する。	みかん園の放任が進む。家族労働報酬も赤字となったため，営農意欲を失う。

資料：現地調査をもとに筆者が作成

第2-6表　長野地区の調査農家における加工向けみかんの栽培意識（1994年）

a．廃園しない理由		c．加工向けの比率が高くなる理由	
先祖代々の農地であるから	2	家庭選別の基準が厳しい	2
管理しておかないと周辺農地の迷惑になる	1	生果向けに出荷しても加工向け	
		に出荷しても収益差は大きくない	1
b．みかんを栽培しつづける理由		施設栽培の方が忙しい	1
転作する作物が見当たらない	2	兼業の方が忙しい	1
果樹複合経営を維持したい	1	高齢化で労働力不足	1
高収益だった頃のイメージが抜けない	1		

注：対象としたのは加工向けの出荷比率が50％以上の8戸の農家である。
資料：筆者の訪問調査

　が「労力不足でもあり，加工向けみかん以外に適した作物が見当たらない」と
いった消極的なものが多い。したがって，一層の高齢化によって，みかん栽培
は放任され続ける可能性が高いと考えられる。

　このように，オレンジ果汁の自由化は兼業化・高齢化が高度に進展し，しか
も柑橘類に換わる作物が見当たらない状況の産地に対し，加工向けみかん作と
いう粗放経営を通じて産地の維持を図るという消極的な対応さえ許さない環境
を生み出し，柑橘産地の縮小再編を急速に進める契機となったのである。

　最後に，加工向けみかん部門の採算は赤字でありながら，丹原町では長らく
その出荷割合が高く保たれてきた地域的背景として，次の4点を指摘しておき
たい。1つめは，愛媛県青果連（現（株）えひめ飲料）は常に全国平均より高
い価格で加工向けみかんを購入し，農家に一定の収益を保証してきたことであ
る。調査農家での聞き取りでは，加工向けみかんの農家手取額がkg当たり30
円以上であれば，年に2度の農薬散布のみの粗放経営に加えて，収穫も自家労
働力でまかなえば，家族労働報酬は黒字になったという。この意味では，自由
化移行期以降に加工向けみかんの保証基準価格の切下げが進んだことは，農家
の営農意欲を大きく削いだといえよう。2つめは，丹原町産のみかんは生果と
しては他産地に比べて市場での評価が低く，卸売価格から出荷経費を差し引く
と加工向けの価格と大差のない年度も多かったため[32)]，収穫後のみかんを自
家での選別が不要な加工向けに自ら回す農家が増加したことである。3つめは，
愛媛県青果連がみかんジュースの製造販売に積極的で，加工向けみかんの購入
量にほとんど制限を設けなかったことである[33)]。この方針を背景に，丹原町

では加工向けみかんの受入れ専用のホッパーが町内2ヶ所に設置されて無制限に集荷したため，農家は手軽に出荷できたのである。4つめは，丹原町のみかん園は多くが関屋川扇状地などの平坦地にあるため（**第2-7図**），収量が多く[34]かつ高齢者による収穫作業を容易にしていたことである。

V．小括

　日米間で長年の懸案であったオレンジの輸入自由化の受諾は，自由化決定時になされたみかん農業への保護政策の転換と自由化実施後の輸入果汁の急増という2つの環境変化を通じて，柑橘産地に大きな影響を及ぼした。**第2-8図**は，

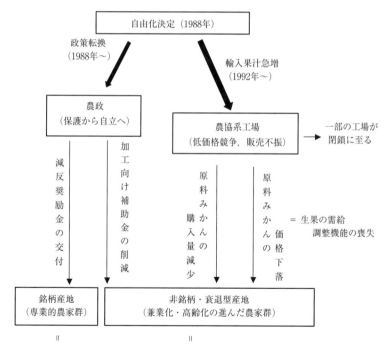

第2-8図　オレンジ輸入自由化のみかん産地への影響
資料：現地調査をもとに筆者が作成

この2つの環境変化がみかん農業や果汁工場の経営にどのような影響を及ぼし，柑橘産地の縮小再編に繋がったのか要約したものである。

これによると，みかん農業に対する農政のスタンスは，自由化決定を機に保護基調から自由化に耐えうる農家の育成へと転換した。具体的には，生果については減反奨励金の交付を通じて品質不良園の廃園化を強力に促し，自由化移行期の3年間で栽培面積は20％以上も減少した（**第2-1表**）。また，果汁については，加工向けみかんの保証基準価格を年々低下させ，農家に加工向けみかんの生産を極力抑えるよう促した。この結果，果実品質の向上と需給バランスの回復が併進し，1970年代半ば以降，慢性的な低迷に喘いでいたみかん価格は大きく上昇した。そして，専業的農家群が多く，従来から生果出荷が中心で加工向けが少なかった銘柄産地では収益性が急速に改善した。一方，自由化後の輸入果汁の急増はみかん果汁を低価格競争に巻き込み，みかん果汁の大半を扱う農協系工場の経営を圧迫することになった。このため，農協系工場は加工向けみかんの購入量を減らし，かつ購入価格も低く設定するようになった。そしてこれは，加工向けみかんからも一定の所得を期待していた非銘柄産地，もしくは兼業化・高齢化の進んだ農家群によって担われている産地に深刻な影響を及ぼした。

このように，自由化の影響は自由化移行期と自由化後の2度にわたって生じたが，それは産地の置かれた環境による差が大きく，負の影響は加工向けみかんの出荷割合の高い非銘柄産地で典型的に現れたといえる。本章ではこの事例として愛媛県西条市丹原町を選定し，自由化後の産地の縮小再編のプロセスを詳細に検討した。その結果，以下の4点が明らかになった。1つめは，丹原町は気候・地形など自然条件面で高品質なみかんの栽培には適しておらず，1970年代半ば以降は産地間競争で劣位に置かれる中，伊予柑などへの転作が進んでいたことである。2つめは，それ故に自由化が決定した1988年には，みかん作を経営の柱とした農家はほとんど存在せず，加工向け出荷割合が高かったのは主に農外所得や年金に頼れる「兼業もしくは高齢者専業の農家層」であったことである。3つめは，自由化の決定は減反奨励金を活用したみかん園の廃園を進め，果汁の自由化は加工向けみかん価格の大幅下落を通じて，残存していた粗放的なみかん作の放棄に繋がり，耕作放棄地の急増させたことである（**第**

2-2 表）。4つめは，放任園の増加が周辺の園地の営農環境を悪化させ，数少ない生果出荷を指向する専業農家の営農意欲を減退させたことである。自由化後 20 年近く経過した丹原町では，みかん作は生果中心の出荷に回帰したものの，量的には目立たない規模にまで縮小している（**第2-6 図**）。現在は，柿を中心とした果樹複合経営の産地となっているが，果樹経営の規模は 1 戸当たり 0.6ha と 1990 年代以降もほとんど伸びておらず（**第2-2 表**），自由化を 1 つの契機とした柑橘農業の再編が果樹産地としての基盤の強化には結び付いていない。

　以上のような産地縮小のプロセスが，自由化後の非銘柄産地で広く一般にみられたと判断するには一考を要する。また，加工向けみかんの栽培を経営の柱にしていた農家が極めて少なかったとすれば，自由化はみかん産地全体としてはそれほど深刻な影響を及ぼさなかったといえるかもしれない。オレンジの自由化とみかん産地の縮小再編の関係を論じる場合，牛肉とは大きく異なる 2 つの環境，すなわち自由化決定時にみかんは既に減産傾向を強めていたこと，みかんはマンダリン類に属しオレンジとは品種的に別物であることをどう評価するかという課題があり，それが自由化の影響分析を困難にしている面がある。しかし，自由化後にオレンジ果汁がみかん果汁の需要を奪い，その原料，すなわち加工向けみかんの生産を事実上断念させたことは確かで，果汁工場は生果の需給調整機能を失うことになった。もちろん，加工向けみかんの処理と商品化は現在も継続されているが，もはや少量かつ不安定なため（**第2-2 図**），みかん 100％果汁飲料を一般の小売店頭で見るのは困難になった。その意味では，自由化は農協系工場が育ててきた大衆的な「みかん果汁飲料」市場の成長に終止符を打ったといえよう [35]。

第3章

米市場の部分開放による国産需要の圧迫と稲作の再編

I. はじめに

　本章では，1995年に実施されたミニマムアクセス（以下，MA）による米市場の部分開放が米の需給と産地再編に及ぼしている影響について検討する。米は食糧管理法に基づく国家貿易品目であり，戦後の食糧難が解消されてから1994年までは，凶作や備蓄量の不足時を除けば輸入実績はほぼ皆無で，それを当然とする世論が形成されていた。このため，稲作に関する議論は減反や食管制度の改革などに終始していた。しかし，1986年に始まったGATTウルグアイラウンドでは米国が日米貿易摩擦を背景に自由化を強く迫り，紆余曲折の後，妥協策として1995年以降のMAの受諾が決定した。

　では，ウルグアイラウンドで米市場の開放が議題になって以降，国内ではどのような議論がなされてきたのか。まず，市場開放に反対の立場からは，日本の輸入数量制限はGATTルールに整合しており例外化を求めるべきことや，輸入割当の設定は将来の完全自由化に繋がる上に，加工用として流通すれば将来の国産米の多用途化の展望を閉ざすことになることが危惧された（服部，1988；森島，1992b；河相，1994）。また，大賀編（1988）や米政策研究会編（1991）では，完全自由化した場合，米価は50％以上下落し，生産量は北海道・東海および西日本の大部分を中心に3分の1以下にまで激減すると予測した。ただし，これらは埋めがたい内外価格差を念頭に置いた予測であり，品質面では日本人好みのジャポニカ米を供給できる海外産地は限定的で，日本の大量輸入で価格が高騰すれば内外価格差は縮小することも指摘された（農産物市場研究会編，1990）。さらに，MAの運用で輸入米の市場隔離（加工・援助・備蓄用に仕向ける）ができなければ国産米価の引下げ圧力が高まることや，2001年以降に関税化の議論が先送りされれば農業の将来像が描けず，大量離農が生じて農業の多面的機能が失われる恐れがあることも危惧された（田代編，1994；辻

井，1994）。

　次に，市場開放に賛成の立場からは，将来的な自由化を受諾して稲作の構造調整を促せば，日本農業の活性化・再生に繋がることが指摘された。具体的には，コストダウンの徹底で内外価格差を2倍程度にまで縮小できれば関税の運用のみで国内生産を高水準で維持できるとするもので，速水（1992）は米価を年率2％程度引き下げ続けることでコストダウンを促し，15〜20年後に米価を半分にすれば関税化で対応できるとした。小島（1992）は，適地での規模拡大を進めることで10年後に市場価格を半分にできれば，50％の関税で750万トン程度の生産量が確保されるとした。また，山﨑（1995）は2001年の関税化の受諾は必至とし，ウルグアイラウンド対策費を基盤整備や農地流動化対策に重点的に支出し，大規模経営者の育成を進めるよう強く提言した。

　一方，MAによる米輸入が始まって以降は，主食用に仕向けられる米の動向に関心が集まった。MA制度の下では一般入札方式で主に非主食用（加工・援助・備蓄）の米が，売買同時入札（SBS）方式で主に主食用の米が輸入されたが，川相（2000）や小澤ほか（2001）は前者（一般MA米）に対して後者（SBS米）の割合が次第に高まっていることに注目し，これが外食・食品産業における国産低銘柄米の需要を圧迫していることを問題視した。また，輸入相手国は一般MA米では米国とタイが大半を占め続けているものの，SBS米では1998年以降に多様化しており，その背景には日本企業による短粒種の米（以下，短粒米）の栽培技術の指導や契約生産があることが報告された（冬木，2003）。また，MA制度の仕組みや収支にも関心が集まった。佐伯（2003）は，一般MA米を非主食用に仕向けることで安価な加工用米の安定供給と主食用米価格への影響回避を両立していることは評価しつつも，非主食用の需要は小さく在庫の累積が輸入米財政を圧迫していることを問題視した。これに対して伊東（2008）は，一般MA米の赤字体質を改善するには割高で援助用としても不適な中粒種の米（以下，中粒米）の輸入を減らすことが重要で，輸入米財政全体を改善する上ではSBS米の枠を拡大すべきだと提言した。

　では，MA制度はその後どのように推移し，米輸入の定着は国内の米需給や産地再編にどのような影響を及ぼしているのか。本章では，輸入された米の流通実態を長期にわたって用途別（主食用・非主食用）に検討し，その浸透過程

と消費者の評価，国産米との競合の現状について分析する。また，国内の米消費量が減少し続けて相対的に輸入圧力が高まっている中で，米栽培にはどのような変化が生じているのか。農政の転換とその効果にも留意しながら検討する。

　手順としては，まず1995年以降の米輸入の動向と国内での輸入米の流通実態について考察する。次に，MA導入後の米産地の盛衰を2008年より本格化した非主食用米の生産と絡めて検討する。そして最後に，徐々に輸入圧力が高まる環境下で，政府の米作維持のための生産・流通対策は今後も機能しうるのか，非主食用米の加工・販売の実態を実需者の事例を踏まえて分析し，今後の課題を明らかにする。非主食用米については，飼料用米の増産が生産現場にもたらす意義と課題に関する業績が数多くあるが（宮田，2010；荒幡，2015；谷口，2016；淡野，2016），米を加工原料として用いる工場部門の経営実態に踏み込んだ研究は進んでおらず，検討の余地は大きいと考えられる。

Ⅱ．MA制度下の米輸入と流通実態

1．米輸入の現状とMA制度

　第3-1図に示したように，日本の米輸入量はMAの受諾によって精米で約70万トンの輸入割当が設定されたため，1990年代末にかけて急増した。しかし，1999年に枠外の米に約700％という超高率関税を課すことで輸入自由化（関税化）を実施したため，現在も約70万トンで安定している。しかし，これは国内生産量約800万トン（2015年産）の9％に相当し，決して少量とはいえない。主な輸入相手国は米国とタイで，2010年以降ではこの両国で90％近くのシェアを占めている。MAの受諾直後は豪州・中国産も多く，2000年代に入るとベトナム産も見られるようになったが，その後は目立った輸入実績はない。価格については，近年，上昇傾向にあるが，米国産は60kg（以下，1俵）当たり5,000円前後，タイ産は3,000円前後で推移しており，長期的には国産価格の下落によって内外価格差は縮小しているものの，依然として3〜4倍の格差がある。

　ただし，MA制度の下で輸入された米の流通は国家管理されており，非主食用の一般MA米が60万トン，主食用のSBS米が10万トンという配分は2001

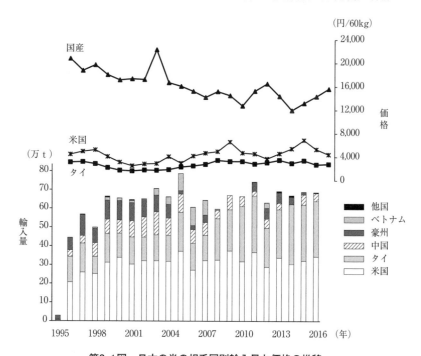

第3-1図　日本の米の相手国別輸入量と価格の推移

資料：日本貿易月表，農林水産省HP「米をめぐる関係資料」

年以降も変化していないため，現在も消費者が輸入米を目にすることは稀である。しかし，非主食用米の需要は相変わらず小さい上に，低価格で販売し過ぎると国産の非主食用米の相場に大きな影響を及ぼす。このため，現在も一般MA米の販売不振は続いており，在庫の保管料だけでも毎年80億円程度を費やすなど大きな財政負担となっている[36]。

　一方，SBS米は輸入業者と国内販売業者が年に数回に分けて行われる入札にペアで参加・落札を競う取引であり，輸入後の販売に窮することはない。しかし，輸入価格には関税に相当するマークアップが上乗せされる上，入札方式も複雑である（川久保，2016a）。このため，不落札が続出して10万トンの割当が消化できないこともあり，システム上の不備・不満も指摘されている。**第3-1表**はこの典型例を示したもので，東日本大震災後で国産米価格が高かっ

第 3-1 表　　SBS 取引における入札・落札状況の年度差

	2012 年産第 1 回 (国産価格高)		2014 年産第 1 回 (国産価格安)	
	〈一般米〉	〈砕精米〉	〈一般米〉	〈砕精米〉
予定量	22,500 t	2,500 t	25,000 t	5,000 t
申込量	80,518 t	9,660 t	842 t	1,552 t
落札量	22,500 t	2,500 t	36 t	244 t
買入価格	161,674 円/ t	68,036 円/ t	178,200 円/ t	91,015 円/ t
売渡価格	290,819 円/ t	121,548 円/ t	223,560 円/ t	130,117 円/ t
入札回数	予定の第 4 回までで 10 万 t 枠を消化		第 8 回まで実施して 1.2 万 t の落札	

資料：農林水産省 HP「輸入米に係る SBS の結果概要」

た 2012 年には第 1 回入札で予定量のすべてが落札されているが，国際価格が高く国産米価格が安かった 2014 年の第 1 回入札ではそもそも申込量が少なく，落札量は予定の 1 ％にすら届いていない。2014 年にはその後，入札回数を 8 回まで増やしているが，結局，1.2 万トンまででしか落札量は達していない。これは，2014 年産の SBS 米にはマークアップを加算すると国産米との明確な価格差がなくなり，低価格をセールスポイントにした販売ができなかったことからきている。

　以上のように，MA 制度下での輸入米の流通は，その量と販売用途に加えて価格形成の面でも大きな制約下にある。また，その管理のための財政負担も重く，稲作を中心とした農業・農村の維持のために多大なコストを払い続けているといえる。では，輸入米は現在，日本市場においてどのような存在なのか。以下では入札方式別に輸入米の流通実態を検討し，国産米との競合関係について明らかにする。

2．輸入米の流通実態と日本市場における地位

（1）一般MA米の流通実態

　第 3-2 図は，これまでの一般 MA 米の輸入量を相手国・種類別に示したものである。これによると，一般 MA 米は 1995 年の約 40 万トンから徐々に増加し，SBS 米の 10 万トンの割当の消化率によって多少変動しながらも，約 60 万トンで推移している。米の種類は 2008 年までは糯米やうるち砕米も 5 ～ 10 万トン程度含まれていたが，現在はほぼ全てうるち精米となっている。相手国

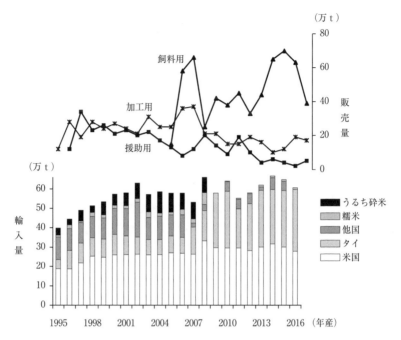

第3-2図　一般MA米の相手国別輸入量と用途別販売量の推移
資料：農林水産省HP「MA一般米入札結果の概要」，「米をめぐる関係資料」

は，近年は90％程度が米国・タイで占められているが，MA導入当初は両国
以外に豪州・中国などからも，うるち米の輸入実績があった。したがって，一
般MA米の輸入は米国・タイ産のうるち米，中でもカリフォルニア州産中粒
種とタイ産長粒種に次第に収斂[37]する形で推移してきたといえる。

　この要因として農林水産省は，収斂してきた2種の米が最も安定供給が可能
なこと，すなわち中国産における価格上昇と輸出余力の減退[38]，豪州産にお
ける干ばつによる減産，ベトナム産における残留農薬問題，などといった不安
定要素がないことを指摘している。また，うるち砕米の輸入が激減したのは水
分値が高く保管が難しいことに加えて，混入している一般米が主食用に転売
されるのを未然に防ぐという狙いもあった。しかし，MA導入当初から不変
の傾向もある。それは米国産の50％（約30万トン）という高いシェアである。
MA制度には輸入相手国や品種に縛りがないことを勘案すると，これは日本政

府による米国への政治的配慮の表れといえる（小澤ほか，2001；佐伯，2003）。すなわち，米国カリフォルニア州からの米輸入量を高位安定させることで当地に一定の利益を保証し，暗にこれ以上の米市場開放を求める政治的圧力が生じないような環境整備を行っているのである。

　次に，販売面については，MA 導入当初は加工用と海外援助用（現在は対アフリカ諸国が中心）として，それぞれ 20 万トン程度であったが，2005 年以降は飼料用としての販売も行われ始め，現在では 50 万トン前後と最大の販路になっている。これは，2000 年代に入って累積してきた在庫を削減するためにやむを得ず行っているもので[39]，加工用の販売量が漸減傾向にある中で（**第3-2 図**），今や在庫量を一定に保つ調整弁の役割を果たしているといえる。

（2）SBS米の流通実態

　第3-3 図は，これまでの SBS 米の輸入量を相手国別に示したものである。これによると，輸入量は 1998 年にかけて急増した後，2001 年以降は 10 万トンの割当が維持されているが，2010 年，2013 ～ 2015 年など国産米価格が下落した年度には割当を大きく下回った輸入実績しかないことがわかる。相手国はMA 導入当初は米国が中心だったが，次第に豪州・中国が過半を占めるようになり，豪州産が干ばつによって輸入困難になったことで 2002 ～ 2009 年は中国産が 60 ～ 70％程度を占めるに至った。これは，日本で食されている短粒米は米国ではもっぱら対日輸出を前提とした契約栽培で生産されており[40]，落札が保障されない SBS 取引ではその栽培動機が高まらなかったことと，中国の東北地方では日本の品種と栽培技術を取り入れた短粒米の生産が盛んであり[41]，かつ日系商社が直接投資によって綿密な技術指導を行い，品質面の向上が図られた（冬木，2003）ことからきている。また，2008 年からはタイ産が 0.5 ～ 1.5 万トン程度輸入されており，その量は SBS 米の輸入量が激減した年でも安定している。これは，タイ産への需要が確立されてきたことと，国産米とは価格的にも品質的にも競合しない長粒種の米（以下，長粒米）であることが大きいと考えられる。さらに，2016 年以降は米国産の輸入が再び増加しているが，この大半は契約栽培によらない中粒米であり，新たな動きといえる。

　一方，価格については，国産米と競合するジャポニカ米の推移を米国産で

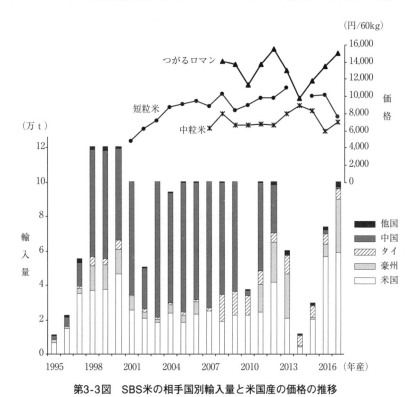

第3-3図　SBS米の相手国別輸入量と米国産の価格の推移

資料：農林水産省HP「輸入米に係るSBSの結果概要」，「米をめぐる関係資料」

　みてみると，短粒米・中粒米とも１俵当たり 6,000 〜 10,000 円の範囲で推移しており（**第3-3 図**），国産米の平均価格よりかなり安価といえる（**第3-1 図**）。しかし，マークアップ分を加算した短粒米の価格は 11,000 〜 16,000 円となっており（農林水産省 HP「輸入米に係る SBS の結果概要」より），国産では低価格米に位置付けられる「つがるロマン」を上回っているため，価格競争力は発揮しえていない。その意味では，マークアップの存在が輸入障壁として機能しているといえる。また，つがるロマンの価格が１万円を下回った 2014 年には短粒米の輸入実績がない。したがって，価格動向とは無関係に米国産の短粒米を求める動きは現在の日本にはほとんどないといえる。また，これは国産ブランド米への嗜好が根強い（慶田，2015）ということでもある。

第 3-2 表　SBS 米の種類別・相手国別輸入量の変化

		2001~05年産平均	2006~10年産平均	2011~15年産平均	2016 年産	2017 年産
米国	うるち玄米（短）	985	195	1,245	254	262
	うるち玄米（中）			178	498	
	うるち精米（短）	8,276	10,380	5,358	1,156	760
	うるち精米（中）	90	111	5,452	25,410	44,819
	糯玄米（短）	61	65	72		
	糯精米（短）	6,390	5,007	3,505	3,600	2,976
	うるち砕精米	5,160	5,938	5,134	24,820	8,966
	糯砕精米		354	788	700	1,000
豪州	うるち玄米（短）	451		9,240	6,453	9,414
	うるち精米（短）	3,670	1,380	1,361	408	17,429
	うるち精米（中）			1,195		1,020
	うるち砕精米	463	127	1,823		2,839
タイ	うるち精米（長）	951		2,483	3,487	3,506
	糯精米（長）	192	1,686	88	108	90
	うるち砕精米	24	5,447	3,511	2,300	2,012
	糯砕精米		1,262	1,066	388	360
中国	うるち玄米（短）	1,590	3,902	2,184	800	
	うるち精米（短）	47,023	48,181	13,413	1,280	1,540
	うるち玄米（中）	166	279	83	76	40
	糯精米（短）	9,392	1,698			
	うるち砕精米	3,322	745	611	240	660
ベトナム	うるち砕精米			281	100	300
ミャンマー	うるち砕精米			449		
インド	うるち精米（長）	68	86	174	366	488
パキスタン	うるち精米（長）	147	298	415	760	780
イタリア	うるち精米（中）	68	65	82	51	
台湾	うるち精米（短）	86	58	117		700
その他		235	182	44	59	39
一般米	（9 万 t 枠）	79,814	73,571	46,688	44,766	83,863
砕精米	（1 万 t 枠）	8,997	13,874	13,664	28,548	16,137
合　計		88,811	87,445	60,352	73,314	100,000

資料：農林水産省 HP「輸入米に係る SBS の結果概要」

　以上のように，2010 年以降の SBS 米は輸入量・相手国とも極めて流動的な様相をみせており，一般 MA 米とは大きく異なる。では，SBS 米は具体的にどのような用途に利用されているのか。**第 3-2 表**は，これを検討するために SBS 米の輸入実績をより詳細に示したものだが，輸入相手国には主要 4 ヶ国（米国・豪州・中国・タイ）以外にも東南・南アジア，欧州諸国が含まれている。米の種類については，うるち米の中・長粒種に加えて糯米，砕米での輸入も多く，世界中から多種多様な米が集まっていることがわかる。また，2011 年以降は，短粒米の精米での輸入，すなわち SBS 取引本来の役割である主食用米

としての輸入が激減していることも確認できる。MA 導入以降，SBS 取引で
の短粒米は主に外食産業（レストラン・食堂・弁当仕出し屋・事業所給食など）
で用いられていたが（村田，2001；冬木，2003），東日本大震災で国産米価格
が高騰した 2012 年には量販店でも取り扱われ，注目を集めた[42]。しかし，家
庭消費は予想した程には伸びなかったため，現在はネット販売以外で一般消費
者が輸入米を目にすることは極めて稀である。また，この年に売れ残ったのは
大半が中国産で，大量の在庫を抱えた流通業者は，その後の国産米価格の下落
もあり，中国産の輸入をほとんど行わなくなった（**第 3-2 表**）。

　一方で，新たな動きも確認できる。それは，従来は少なかった米国産中粒米
とタイ産長粒米の輸入量が増加し，一定の地位を占めるようになったことであ
る。これは，短粒米より低価格であることと，外国料理の食材として定着して
きたことが背景にある。米国産中粒米については，1997 年に設置された USA
ライス連合会東京事務所を中心に，品種名「カルローズ（calrose）」を前面に
出した販促キャンペーンが行われており[43]，タイ産長粒米は高級香り米「ジャ
スミンライス」としてタイ料理店などに浸透している。また，数百トン程度で
あるが，インド・パキスタン産の長粒米も香り米「バスマティライス」として
知名度がありインド料理店などで用いられているし，イタリア産中粒米はリ
ゾットなどの食材としてイタリア料理店で用いられている。

　さらに，糯米と砕米の輸入も安定・増加傾向にあり，米国とタイ産ではうる
ち米に匹敵する量に達している。これは，2009 年以降これらの米が一般 MA
米としてほとんど輸入されなくなる中で（**第 3-2 図**），おこわや餅，米菓など
の原料として必要な低価格米の需要を満たしているものと考えられる[44]。

　以上を踏まえると，今後も国産米の価格が上昇しない限り，SBS 取引本来
の役割である主食用米，うるち米短粒種の輸入は低迷し続けるであろう。もち
ろん，マークアップがなければ現状でも輸入米にはかなりの価格競争力があり，
それが近年の米国産中粒米の輸入増の一因だろう。しかし，輸入米の品質をど
う考えるかという点では，日本人独特の消費嗜好[45]の影響が大きいと思われ
る。すなわち，カレーライスや牛丼のような混ぜ物料理ではなく，お茶碗の中
の「ごはん」として食す場合の食味について，一般消費者，中でも主婦層がど
う評価するかであり，また，安全性とも絡んだイメージの問題もある。したがっ

て，今後のSBS取引では中粒米の輸入は定着する可能性があるものの，短粒米は内外価格差が拡大しない限り増加せず，その場合も主なユーザーは外食・食品産業に限定されるだろう。一方で，砕米を必要とする加工業者や外国料理レストランの需要を満たすために，世界中から多種多様な米を集める機能は今後も強化されていくものと思われる。

　以上のことから，現状では輸入米が国産米の流通に及ぼしている影響は，主食用に対してはそれほど大きくないと考えられる。それは，10万トンという割当量が維持されていること，マークアップ加算後の短粒米の価格競争力が弱いこと，国産ブランド米への消費嗜好が根強いことからきている。しかし，60万トンもの枠を有する一般MA米の影響は小さくないと考えられる。なぜなら，主要な販路である加工用・飼料用は，国産の非主食用米の主要な販路でもあり，競合を避けられないからである。そこで以下では，MA導入後の国内の米需給と非主食用米の生産・流通動向について検討する。

Ⅲ．MA導入後の米需給と国内における非主食用米の生産動向

1．近年の米生産の動向

　第3-4図は，1980年代後半以降の米の作付面積と1人当たり消費量の推移を示したものである。これによると，作付面積は1990年代前半までは200万ha台前半を維持していたものの，MA導入後は1995年の212万haから2003年の167万haへと急減している。また，この間に減反は46万haから78万haへと強化され現在に至っているが，米価は1万円台半ばで推移しており1990年代の2万円前後には遠く及んでいない（**第3-1図**）。このような趨勢の最大の要因は，1人当たりの米消費量が減少し続けていることにあるが，MA受諾による将来不安のアナウンス効果や輸入米による国産需要の圧迫も少なからず影響していると考えられる。

　ところが，作付面積は2006年以降は大きく減少することなく160万ha台を維持している。この背景には2008年に「新規需要米」として生産誘導された非主食用米の栽培が増加し続けていることがあり，2017年には全作付面積の14%を占めている。これは，主食用米の国内需要を念頭に供給調整するこ

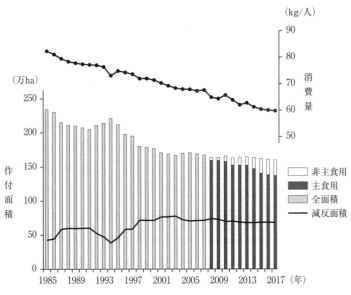

第3-4図　米の用途別作付面積と1人当たり消費量の推移

注：減反面積は田本地面積と水稲作付面積の差で推計している。
資料：農林水産省HP「米をめぐる関係資料」，耕地及び作付面積統計，食料需給表

とで価格の安定を図る方向から，非主食用米の生産増と需要拡大を同時に進め
ることで水田を最大限活用する方向へと政策転換したことを意味している。で
は，非主食用米の生産はどのように誘導され，また米産地の維持・再編にどの
ような成果をもたらしているのか。

2．非主食用米の増産と地域的差異

（1）非主食用米の用途と生産動向

　近年，栽培が増加している非主食用米は，加工用・飼料用・米粉用・稲醗酵
粗飼料用・輸出用などで，2008年以降は多額の交付金を出すことで生産を誘
導してきた。その額は加工用の10a当たり2万円から稲醗酵粗飼料[46]（以下，
WCS）・飼料・米粉用の8万円まで大きな差があるが，これは用途によって市
場価格が大きく異なるからである。したがって，販売額と交付金額を合わせた
最終的な収益はほぼ同じであり[47]，どの用途米についても農家には大きなイ
ンセンティブとなっている。

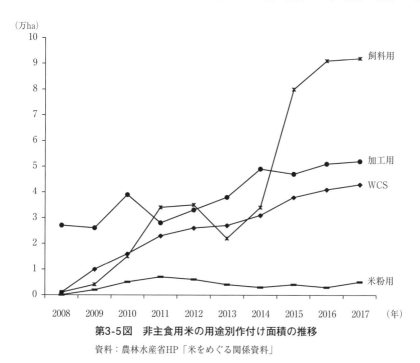

第3-5図　非主食用米の用途別作付け面積の推移

資料：農林水産省HP「米をめぐる関係資料」

　ただし，これらの高額な交付金は農家に非主食用米の「新規」需要を開拓さ
せることを狙ったものであるため，栽培前に既存の顧客ではない「新規」の販
売先を確保して認定を受ける必要がある。これは，生産者が補助金獲得を目的
とした「捨て作り」を行うことや，主食用に横流しすることを防止するためで
ある。

　このため，用途によっては新規の販売先の開拓が困難で，栽培の普及度には
大きな差がある。**第3-5図**によると，現在，栽培の中心となっているのは加
工用の5.2万 ha，飼料用の9.2万 ha，WCS 用の4.3万 ha で，他の用途は５千
ha 未満にとどまっている。しかし，これらは全く新しい用途ではなく，例え
ば米菓・味噌などの加工原料は主食用米から一定程度生じる特定米穀[48]によっ
て供給されていたし，備蓄米はその役割を終えた後に格安で飼料メーカーに提
供されて既存の飼料製品に混ぜられていた。WCS 用についても，脱穀後の稲
わらが繁殖・育成段階の肉用牛に大量に給餌されてきた。

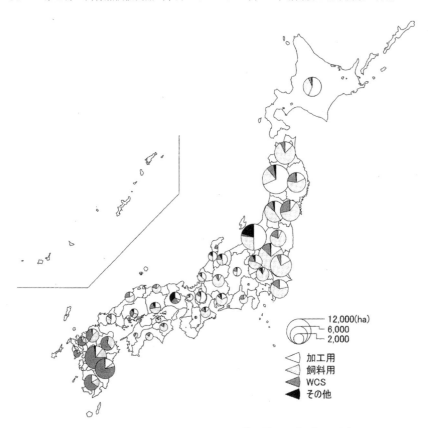

第3-6図　非主食用米の用途別認定栽培面積の分布（2015年）

資料：農林水産省HP「米をめぐる関係資料」

　一方，米粉用と輸出用は従来ほとんどなかった用途であり，本来の意味で新
規需要米といえる。しかし，米粉は2010年代初頭に7千haまで増加したものの，
その後は伸び悩んでいる（**第3-5図**）。これは，小麦粉や輸入米に対して価格
競争力がないこともあるが，米粉を用いたパン・麺類が既存の購買層に認知・
受容されていないことも大きな要因と考えられる。また，輸出は2010年代に
入って急増しているものの，1万トン程度と微々たるものにとどまっている[49]。

（2）非主食用米生産の地域的特徴

　では，非主食用米の栽培はどの地域で盛んなのか。新規の販売先の開拓は地

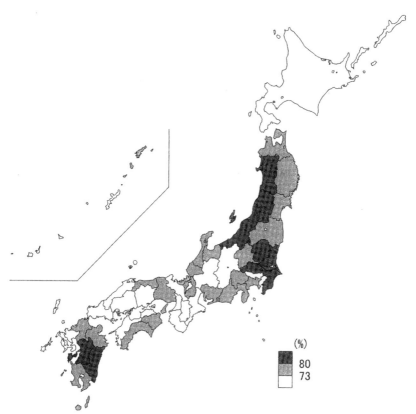

第3-7図　MA米導入後における米作付面積の減少度の地域差（1995〜2015年）
資料：耕地及び作付面積統計

　元の需要に左右されるため，地域差が生じやすい。**第3-6図**はそれを示した
ものだが，盛んな地域は東北地方の日本海側と新潟県，関東地方および九州地
方南部であることがわかる。用途別にみると，東日本では全般的に飼料用が多
いが，北海道と秋田・新潟県では加工用の方が多い。また，新潟県では「その他」
の用途，具体的には米粉・輸出用も多く，日本最大の米産地は多様な非主食用
米の産地にもなっている。一方，九州地方南部では WCS 用が大半を占めてい
る。これは，日本最大の肉用牛産地における地元需要に応えたものといえる。
　では，これらの地域では全体として稲作を維持できているのか。**第3-7図**
で 1995 〜 2015 年の米作付面積の維持率をみると，この間の平均維持率が

77％であったのに対して80％以上の高さを示しているのは，東日本では秋田・山形・新潟・茨城・栃木・埼玉・千葉の7県，西日本では熊本・宮崎の2県である。これは，**第3-6図**で示した非主食用米の栽培が盛んな地域と一致しており，逆に維持度が72％以下の16都府県では非主食用米の栽培は盛んではない。つまり，非主食用米の栽培は稲作の維持と深く結びついているのである。

　したがって，今後も稲作の維持と米価の安定のためには非主食用米の栽培を維持していく必要がある。それどころか，米需要が毎年8万トン程度減退している現状（荒幡，2015），ならびに販路を同じくする一般MA米の流通量が制度上，今後も減少しえないことを踏まえると，輸入米との競合に打ち勝つだけでなく，非主食用米の需要自体を拡大・創造していかなければならない。

　では，非主食用米の需要を伸ばすことは可能なのか。非主食用米の実需者である加工業者は，国産米・輸入米をどのように位置づけ利用しているのか。以下では，非主食用の販路の大半を占める加工用と飼料用および本来の新規需要米として期待の大きい米粉用について検討する。

Ⅳ．米加工業者における原料米調達の実態と国産需要

1．加工用米の需要と加工業者の原料米調達の現状

（1）加工用米の用途と国産需要

　現在，加工用米の需要は国産と輸入を合わせて約40万トンあるが，米の使用量と種類は商品によって大きく異なる。**第3-8図**はこれを示したものだが，使用量が多く国産米利用率も高いのは清酒と米菓で，味噌・焼酎でも国産米の利用は多いがその大部分は特定米穀であり，米全体の需要に及ぼす影響は小さい。また，清酒以外では輸入米の利用率は30〜40％を占めており，今や原料調達において不可欠な存在になっている。

　では，国産米の主要な販路である清酒や米菓業界の業績はどのように推移しているのか。**第3-9図**は，近年の清酒と米菓の生産動向を示したものである。これによると，米菓の生産量は安定しているものの，清酒は2000年の約100万キロリットルから50万キロリットル台へと激減しており，原料米の需要拡大は見込めそうにない。しかし，近年の日本食ブームに乗じて，両商品とも輸

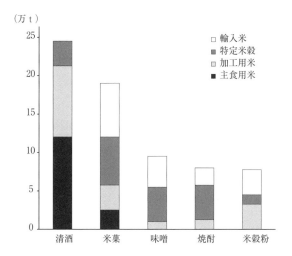

第3-8図 主要な米加工品の原料米の種類別割合 (2014〜17年平均)

注：新規需要米は加工用に含めている。
資料：農林水産省HP「米に関するマンスリーレポート」

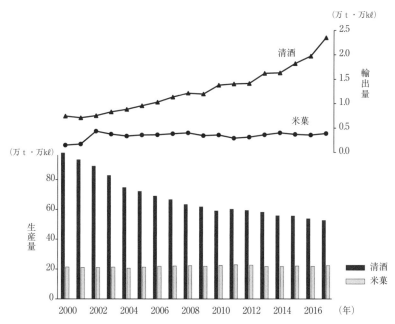

第3-9図 清酒・米菓の生産量・輸出量の推移

資料：日本貿易月表，国税庁統計年報書，米麦加工食品生産動態等調査

出は伸びており，特に清酒は2010年代に入って伸びが著しい。これは，日本食レストランで供される機会が増加していることからきており，業務用とはなりにくい米菓[50)]とは異なる。ただし，輸出単価は概して安く，生産量全体に占める輸出割合も高まっているとはいえ5％足らずであり，国内販売の停滞・減少を補完するレベルには達していない。そこで以下では，米菓メーカーを事例に加工用米の調達実態と国産米需要の拡大に向けた課題について考察する。

（2）米菓メーカーにおける原料調達と国産米需要

　第3-9図に示したように，近年の米菓の生産量は22万トン前後を維持しており，ピーク時の約24万トン（1970年代前半）と比べても，市場は堅調に推移しているといえる。よって，国産の加工用米の需要を伸ばすには各米菓メーカーが国産米利用率を高めることが鍵となるが，現状はどうなのか。米菓メーカーの数は1970年代の約1,500社から2016年の約360社へと淘汰が進んできたが（全国米菓工業組合資料より），その過程で次第に低価格な輸入米を原料とするようになった。輸入米の導入当初は，長粒米・中粒米の加工特性が掴めず国産米にこだわった企業も多かったが，次第に輸入米を主原料とする企業が価格競争力を得て生き残り，現在，業界1位の亀田製菓は低価格・安定供給の米国産を中心に据え，相場によっては国産米の比重を高める方針をとっている。また，2位の三幸製菓でも中国産を中心に低価格帯の製品開発を進めてきた。

　しかし，近年は全般的に国産米の利用率が高まる傾向にある。それは，特定米穀の相場が輸入米を下回ることが生じてきたことと[51)]，2011年の米トレーサビリティ法施行で原料米の原産地表示が義務付けられ，原料産地への関心が高まったことが背景にある（小針，2013）。また，従来から品質本位で国産米にこだわっていた新潟県の米菓メーカーの中には，TPP交渉が進む中で将来不安に襲われている地元の稲作を支える意味で国産米100％使用を前面に打ち出した企業もみられる。さらに，それらの企業では，原料米の多くは新潟県産を使用しており，安定供給に繋がるとしてモチ米の契約栽培にも積極的になっている。このため，2014年に設定された3年契約の加工用米栽培に交付金を10a当たり1.2万円加算する措置は，両者で大いに歓迎されている。

　このように，近年は米菓原料として国産米の使用量を増やす動きもみられる

が，今後の課題もいくつかある。1つめは，国産回帰の動きを特定米穀ではなく「加工用米」に向けて，稲作維持への直接効果を高めることである。2つめは，「加工用米」栽培を交付金に頼らないものにするために，多収性品種の開発や栽培圃場の団地化などコストダウンを進めることである。3つめは，「加工用米」を原料とした米菓が輸入米や特定米穀によるものより高品質であると認識できるような商品作りをして，単なる価格競争から脱することである。4つめは，新たな需要の喚起や市場の拡大である。米菓メーカーでは近年，米菓の堅さから浸透していなかった高齢者や病院向けの販売に注力しており，また，濡れおかきや口溶けタイプのスナックなどは従来のイメージとは異なる商品として消費者に受け入れられつつある。これらが定着し，かつ訪日外国人にも食されることで，海外に一層，日本製の米菓が広まることに期待がかかる。

　以上のように，国産米利用の増加，中でも「加工用米」利用を進めることは，製造コスト面でも新規需要の開拓面でも容易ではない。しかし，地方創生の動きの中で地元にこだわった特産品づくりや地産地消的な活動が活発化しており，その一環として農村部の中小企業が新たに商品化に取り組む動きが全国的にみられれば，第2次産業への波及という意味でも一層意義深いといえるだろう。

2．飼料メーカーにおける原料調達と国産米需要

　米が配合飼料（以下，飼料）の原料として本格的に使われ始めたのは輸入米では2006年，国産米（新規需要米）では2008年からである。しかし，今や飼料用米の供給量は国産・輸入を合わせて100万トン以上に達し（川久保，2017a），非主食用米の用途として最大のシェアを占めている。また，政府も2025年までの飼料用米の増産計画を閣議決定し，今後も供給は伸びると考えられる。では，飼料業界にはどれほどの需要があるのか。以下では，飼料用米の生産が盛んな東日本に立地する農協系・商系の飼料メーカー各2社を事例に，飼料用米の調達と製品化の実態および今後の展望について検討する。

（1）農協系メーカーの経営実態

　農協系飼料メーカーは，価格低迷・減反下にある米作農家との関係が強いこともあり，新規需要米政策が出されて以降，飼料用米の利用には率先して取り

第3-3 表　農協系・商系の飼料工場における飼料原料米の取扱量と新規需要米
利用率の推移

	農協系工場				商系工場			
	原料米取扱量（t）		新規需要米率（％）		原料米取扱量（t）		新規需要米率（％）	
	東日本 A 社	北日本 B 社	東日本 A 社	北日本 B 社	東北 A 社	関東 B 社	東北 A 社	関東 B 社
2010 年	23,000	13,500	26.1	51.4	36,000	3,300	n.d.	n.d.
2011 年	76,000	18,000	25.0	94.4	36,000	6,600	n.d.	n.d.
2012 年	49,000	37,000	81.6	100.0	36,000	750	n.d.	n.d.
2013 年	63,000	21,500	40.8	73.3	36,000	1,000	n.d.	n.d.
2014 年	121,000	44,500	16.8	20.8	41,000	4,300	12.2	46.7
2015 年	156,000	90,000	49.9	54.4	46,000	12,000	21.7	59.7
2016 年	144,000	n.d.	52.3	n.d.	41,000	7,300	12.2	69.0

資料：農協系および商系工場資料

組んできた経緯がある。**第3-3 表**は，事例とした2社の飼料原料米の利用実
績を示したものだが，2012 〜 2013 年の一時的な停滞[52]を除けば順調に増加
していることがわかる。しかし，関東・中部地方を管轄する東日本 A 社では
2012 年を除けば新規需要米の利用率は低く，もっぱら政府払下米（備蓄米・
輸入米）を原料にしていた。これは，当該地方では米を含む飼料（以下，米含
有飼料）の給餌に最も適した養鶏業，中でもブロイラーの飼養が盛んではなく，
国産米の給餌をセールスポイントに畜産品のブランド化を図るという耕畜連携
の取組みが低調なことが背景にある。このため，東日本 A 社では豚・乳牛・
肉牛用の飼料にはほとんど米を配合していない。一方，東北地方を管轄する北
日本 B 社では肉牛以外の飼料にはほぼすべて米を配合しており，特定産地の
飼料用米の配合を指定するユーザーのために別ロットの飼料商品も製造するな
ど，早くから新規需要米の利用率は高かった[53]。

　したがって，今後も飼料用米の需要を伸ばしていくには，東日本 A 社では
鶏以外用の飼料に少しでも米を含有させること，北日本 B 社では残された肉
牛向けの販売を促進することが先決といえる。ただしその際，問題となるのは
米を含めることによる飼料価格の上昇と，給餌後の畜産物の品質の変化である。
この点で，価格面ではトウモロコシ相場と連動した購入契約を結んでおり大き
な差は出ないが，品質面では鶏卵では黄身の色が薄くなること，養豚では豚肉
脂肪中のリノール酸が減りオレイン酸が増加することが確認されている。これ
らがプラス評価されるか，もしくは地元産の飼料にこだわった商品であること

が消費者に評価されない限り，米を原料に含めることに特段の意義は見出し難い現状がある。東日本 A 社では，米を含んでいても栄養価も価格も従来の飼料と同様だと説明しているが，米含有飼料としてのメリットの提示は難しいという。また，肉牛農家への販促については，特に和牛では肥育期間が1年半の長期に渡り，かつ販売価格も1頭当たり100万円以上と桁違いに高価な上に品質差が価格差に反映されるため，飼料内容物の変化は容易には受け入れられないだろう。

　一方，国産米と輸入米との差異については，工場への入荷がそれぞれ玄米と精米という差はあるが，価格差はほとんどない。しかし，米含有飼料の給餌をセールスポイントとした畜産品は地産地消にも価値を見出しているため，輸入米の利用は考えられない。一方，東日本 A 社では地産地消のような位置づけの飼料はないため，今後も政府払下米を利用する際には備蓄米・輸入米の両方を取り扱うとしている。

　さらに，どのような原料米を利用するにせよ，米含有飼料の製造は本格化してから未だ10年足らずで，輸入トウモロコシのように合理的な搬入や貯蔵，製造ラインへの投入は実現できていない。このため，東日本 A 社・北日本 B 社とも，政府の長期的な飼料用米増産計画を受けて年間20万トン以上の処理能力を発揮すべく，専用サイロの建設などを進めてきた。利益率の極めて低い産業と言われる飼料産業としては，流通面を中心に中間コスト削減に向けた設備投資や購入契約を早急に整備する必要がある。

（2）商系メーカーの経営実態

　商系の飼料メーカーが米含有飼料の製造を本格的に検討し始めたのは2008年の世界的な穀物価格高騰時で，その後，日本飼料工業会が政府の要請も踏まえてこれを一層進める方針[54]を打ち出し，本格的な米含有飼料の製造の気運が高まった。**第3-3表**は，事例とした2社の飼料原料米の利用実績を示したものだが，農協系メーカーに比べるとかなり低調で，東北 A 社では2010年には既に一定の利用実績があるものの，その大半が政府払下米で，新規需要米の利用は現在でも極めて少ない。これは，原料を輸入に頼りきるリスクを下げるために鶏・豚用の飼料に米を少量混ぜ始めただけで，国産米利用を謳った商

品作りは行われていないからである。また，関東地方を管轄するB社は管内にブロイラー産地がないこともあり，2014年まではほぼ利用実績がなかった。したがって，両社ともトウモロコシ相場が安定している現状では米の比重を高める必然性はないが，日本飼料工業会は2014年に中長期的には飼料原料としての米の需要量が200万トン弱あると試算しており，今後，大幅に米利用が増えていく可能性がある。

　しかし，そのためにはクリアすべき課題もある。その1つは肉牛への給餌も増やすことだが，牛の消化を容易にするには米の粉砕や圧ペンを施す必要があり，コスト上昇は避けられない。また，その際の原料は新規需要米とは限らない。商系メーカーは米含有飼料を評価するユーザーとの結びつきが弱く，必ずしも国産米を利用する必要がないからである。むしろ，精米で供給される輸入米の方が米糠がなく扱いやすいため，高く評価している面もある。

　もう1つは，原料米の納入に関することで，現状では政府払下米（備蓄米・輸入米）の方が合理的でロスが小さい。それは，政府払下米は日本飼料工業会を通じて月に1度など随時，必要に応じてバラ状態で搬送されるが，新規需要米は6月に契約した量が10月にフレコン状態で一斉に搬送されてくるからである。このため，新規需要米の取扱いにはフレコンの解体と使用時までの保管が必要で，関東B社では工場内スペースとの関係でこの作業を倉庫業者に委託しており，コストアップに繋がっている。また，貯蔵が夏期に及ぶと虫が湧く可能性があるため，東北A社では事実上，3月までに使い切ることにしている。これらは，これまで米含有飼料の製造を前提としてこなかったことに起因しており，これを解消するには商系メーカー自身が米専用の貯蔵タンクや粉砕機を設置すると同時に，政府も飼料用米の契約・販売方法をフレキシブルにする必要がある。

　以上のように，米を飼料原料とするメーカーの取組みは農協系から商系へと波及しながら着実に成長している。また，給餌対象となる家畜の偏りや流通上の非効率などの課題を抱えながらも，米の配合を全面的に拒むユーザーはほぼ存在しないことを踏まえると，飼料用米には潜在的な需要が十分あるといえる。よって，今後も政策的な支援が継続されれば，米含有飼料の生産・販売は順調に伸びていくものと考えられる[55]。そしてそれは国産・輸入の競合が少ない

形で実現できる可能性もある。

3．米粉製品メーカーの事業展開の現状と課題

　米粉用米の栽培には飼料用米と同額の交付金が設定されているが，栽培面積は 2011 年をピークに伸び悩んでいる（**第3-5 図**）。では，何が米粉用米の需要拡大の壁になっているのか。以下では，米粉用米の栽培が盛んな新潟県の麺類とパン類のメーカーを事例に，米粉を用いた商品の製造・販売の実態と今後の展望について検討する。

（1）米粉麺メーカーの事例

　越後平野北端の中条中核工業団地の一角に位置する C 社は，山形県を創業地とする従業員約 50 人の企業で，米粉事業には 2008 年に参入した。参入の動機は，近くに高品質な米粉を製造する工場ができたことと，特徴ある麺製品を製造することで利益率を高めることであった。このため，参入当初は米粉99％と 1 ％のつなぎで作った麺製品の販売を行ったが，小麦粉麺より硬くなりやすく，かつ茹でると溶けやすくなるなど調理・食味の両面で好成績を収めることができなかった。そこで，2010 年からは徐々に米粉の含有率を下げ，現在は米粉使用を明記した生パスタ 1 銘柄を除き，うどん・そば・中華麺では10％程度の含有率の製品が多くなっている。

　米粉の原料米はすべて新潟県産のコシヒカリとコシイブキで，米粉は工業団地内の製粉業者から購入している。その使用量は年々増加して現在約 30 トンに達しているが，米粉の価格は小麦粉の 1.5 倍以上するため，同じ麺製品として小麦粉利用の商品と比べると価格競争力がない。このため，販路の中心は県内のレストランなど業務用で，米粉を含んだ麺製品のよさを評価する相手に対して地道に営業してきた経緯がある。しかし，C 社では工場稼働率にまだ余裕があるため，今後は市場規模の大きい北関東地方へも進出することでスーパーなど小売店への販路を拡大し，業績を伸ばそうとしている。

　このように，C 社ではこれまで米粉麺を前面に出した商品展開を抑える形で成長してきた。そして，今後も米粉 100％をセールスポイントとした製品作りではなく，米粉を適度に含んだ麺製品の販売を伸ばすことで米粉需要を伸ばす

ことを目指している。また毎年，地元の小学生を対象に工場見学や調理実習を実施し，食育を通じて地元に米粉食文化を浸透させるべく取り組んでいる。小麦粉製品との差別化が難しい現状では，米粉製品の普及は急速には進まない。地道な需要開拓を続けることが重要である。

（2）米粉パンメーカーの事例

　C社と同じく中条中核工業団地に米粉パン工場を有するD社は，新潟市に本社を置き青果物仲卸業を主業とする従業員約50人の企業で，米粉事業には2010年に参入した。参入の動機は，食物アレルギーに悩む消費者が安全に食せるパン類を適度な価格で提供することにあり，社会貢献的な意味合いも強かった。このため，参入後2年間は1億円以上の赤字を出したが，本業での利益に支えられて事業は継続された。

　米粉の原料米はすべて新潟県産のコシヒカリとコシイブキで，米粉は基本的に工業団地内の製粉業者から購入しているが，その価格は小麦粉の約1.8倍と決して安くはない。また，D社では健康食として人気のある玄米パンも製造しており，この原料となる米粉については埼玉県・熊本県の製粉業者から購入している。米粉の購入量は事業の拡大に合わせて年々増加して現在約150トンに達しているが，工場稼働率は100％に近いため当面，これ以上の増産は計画されていない。

　D社の米粉製品の特徴は，パン・パン粉とも米粉100％のグルテンフリーであることを謳っている点にあり，低価格での販売は困難である。このため，最大の市場は大都市圏の学校給食となっており，小売店への販売でも健康志向の高所得者が多い首都圏が50％以上を占めている。また，ネット販売も行われているが売上は微々たるもので，現状ではD社がグルテンフリーのパンを製造していることを全国に広報する役割の方が大きいという。

　では，D社の米粉事業は今後，どのような発展を目指すのか。工場稼働率が100％に近い現状では新商品の製造スペースを設けることは困難だが，工場の拡張・新設が実現すれば個食の玄米パンやクッキーの商品化が検討されている。ただし，米粉製品はコスト的に割高な価格設定にならざるを得ず，また製造後の弾力のある柔らかさも1日程度しか持続しない点は，小麦粉製品に慣れ親し

んだ消費者からすればリーズナブルとは言えないだろう。その意味では災害食・機能性食品など新分野への進出に期待がかかるが，市場規模は限定的と言わざるを得ず，停滞傾向の米粉需要を回復させる道のりは険しいと言えるだろう。

V．小括

　日米農産物交渉において長らく聖域とされてきた米の輸入自由化問題は，1986年に始まったGATTウルグアイラウンドで急遽，議題にのぼるようになった。日本政府は例外化を強く主張したものの，1993年末にはMA制度による部分的な市場開放を受諾し，1995年から本格的な輸入が開始された。その結果，1990年代末には輸入量が70万トンに達したが，その後は関税化を受諾したこともあり増加していない。また，輸入米の国内流通は販売用途や価格形成面で国家管理されており，国内の米産地の再編に及ぼした影響は牛肉やオレンジとは大きく異なるものとなった。

　第3-10図はその概要を示したものだが，これによると輸入米は入札方法によって一般MA米（60万トン）とSBS米（10万トン）に分けられ，それぞ

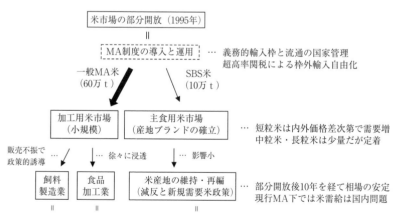

第3-10図　米市場の部分開放による米産地および加工業界への影響
資料：米の生産・流通・加工業界への調査をもとに筆者が作成

れ加工用と主食用に仕向けられている。70万トンという輸入量は国内生産の8％に相当したため，その影響は小さくなく，MA受諾後の10年間で栽培面積は減反の強化もあり約15％減少し，米相場も25％程度下落した（**第3-1図**）。しかしその後は，主食用のSBS米の割当が10万トンと少なく，かつ海外の短粒米の品質が国産のブランド米に及ばないことから，国産価格が高騰した年以外には消費が伸びず，むしろ近年は米国産中粒米やタイ産長粒米および砕米・糯米など多種多様な米が外食・食品産業に浸透してきている。したがって，輸入米が国内の主食用米市場に及ぼしている影響は極めて限定的で，MA受諾前に懸念された状況には陥っていない。ただし，国内の米消費量は毎年8万トン程度減少し続けており，米産地の維持は輸入米の影響を抑制するだけではなしえない。このため政府は2008年以降，米消費の維持・拡大を図るために，交付金を出すことで新規需要米（加工用・飼料用・WCS用・米粉用など）の栽培に誘導し，全体として米生産の維持に成果をあげている（**第3-4図**）。

　一方で，主食用米市場からの隔離を目的に割当られた60万トンもの一般MA米の流通は，大きな問題を抱え続けている。それは，日本では非主食用の市場，すなわち米を主原料とする食品加工業の規模が小さいため60万トンの割当の消化が容易でなく，一部を海外援助用に仕向けつつも過剰な在庫が財政負担を強いていることに現れている。また，近年は米菓・味噌・焼酎など主要な米加工食品の原料の40％は輸入米によって占められており（**第3-8図**），それだけ国産の低価格米もしくは特定米穀の市場を奪っていることになる。このため，2005年以降は飼料用にも仕向けられるようになり，現在は一般MA米の最大の販路として過剰在庫の圧縮に貢献している。

　以上のように，近年はMA制度の巧みな運用と非主食用米への生産誘導によって米生産の減少に歯止めがかかり，相場も比較的安定している。しかし，長期的視野に立てば以下のような課題がある。1つめは現行のMA制度の維持である。2013年にTPP交渉に参加して以降，再び米市場の開放への関心が高まっているが，SBS米の10万トンの割当量やマークアップの徴収，枠外の米への超高率関税の採用などが変更されると，外食・食品産業を中心に輸入米の需要が高まる可能性がある。2つめは非主食用米の需要拡大である。現状では非主食用米の主な販路は加工用・飼料用・WCS用だが，これは一般MA米

との競合が著しい。米加工食品の業績が頭打ちの状況下では，まずは飼料用が持つ潜在的な需要を伸ばすことが先決だが，そのためには飼料メーカーによる米利用を前提とした飼料開発や設備投資を促すための政策支援が急務である。また，WCS用の需要を維持するには肉用牛飼養の振興も重要で，米粉製品の需要を拡大すべくグルテンフリーなど長所のPRも必要である。3つめは非主食用米の栽培への交付金の継続である。ただし，現状に甘んじることなく農家はコストダウンを図り，それに応じて交付水準を下げて財政負担を減じるべきである。MA制度の最大の特徴かつ問題は，「国内の米消費量が減っても輸入量が減らない（拒めない）」ことにある。米作を維持し，農業の多面的機能を発揮させるには，短期的には飼料用の利用促進で需給バランスを調整しつつ，長期的には輸出振興を図るなど抜本的な需要拡大の取組みを継続するほかない。

第2部

対日農産物輸出の拡大と海外産地の生産・流通構造の変化

　第2部では，日本の高付加価値食品の大量輸入が相手国の農牧業の生産と流通に及ぼした影響について考察する。事例としたのは，牛肉については豪州，オレンジと米については米国で，いずれもそれぞれの品目で日本の最大の輸入相手国である。

　分析視角としては，日本の輸入割当拡大や自由化などの市場開放を機に輸出を伸ばす上で，対日輸出国がどのような生産・流通対応を取ったのか。品質管理や品種改良，商品づくり，輸送方法の改善がどのように進み，それに日系企業がどのように関与したのかに注目する。また，対日輸出国の生産動向をメソスケールで長期に渡って分析することで，対日輸出効果の時期的・地域的な発現の実態を明らかにする。そして，最後に日本市場との結び付きの強化が相手国にもたらした変化や遺産について総括する。

第4章

対日牛肉輸出の拡大と豪州の肉用牛・牛肉産業の地域的展開

Ⅰ. はじめに

　本章では，日本の自由化にともなう牛肉の大量輸入が相手国の肉用牛・牛肉産業に及ぼした影響を，豪州を事例に検討する。豪州では広大な国土を利用した放牧一貫経営による肉用牛飼養が盛んで，これが低コスト・低価格の牛肉生産を可能にしてきた。また，人口は2,000万人台で国内市場は小さいため，古くから英国向けを中心に輸出主導で発展してきたが，牛肉は肉類では高所得国で消費の多い品目であり，かつ欧州ではEC結成以降に域外からの輸入を制限するようになったため，その後の輸出先はほぼ米国に限られていた。このため，比較的近いアジアの高所得国・日本の輸入自由化への期待は大きく，また自由化後の対日輸出増がもたらした影響も大きかったと考えられる。

　豪州の牛肉産業を対日輸出の拡大と絡めて検討した研究は1990年代に入って急増しているが，内容的には以下の2つに大別できる。1つめは，1991年の自由化を機に活発化した日系企業の豪州への直接投資に関するもので，小栗・飯田・杉山（1992）およびMorison（1993）は，その目的は農場や食肉加工場の買収を通じて生産から加工に至る垂直統合を形成し，日本市場の消費嗜好に適した牛肉を安定供給することにあるとした。また，豪州が直接投資を受け入れた背景には，当時の豪州には日本市場で需要の伸びている穀物肥育牛肉の生産に必要なフィードロットがほとんどなく（Ufks, 1993；Jussaume, 1996），外資の導入で業界の構造改革を図る必要があったことが明らかにされた（宮田, 1990）。2つめは，自由化にともなう対日輸出の増加によって生起した豪州牛肉産業の構造変化に関するもので，Young and Sheales（1991）および引地・安井（1992）は，穀物肥育牛肉の生産は飼料穀物需要の増大や食肉加工場のアップグレードや稼働率の上昇につながり，かつ多様な牛肉の生産がより多くの国

への輸出を可能にしうる点を評価した。また，1990 年代後半以降の輸出量の
伸び悩みや米国産との競合の高まりは，一層のコストダウンと品質改善ならび
に新市場の開拓を促し，食肉加工場の合理化・再編や安全性・食味改善などの
努力がなされるようになったことも明らかにされた（レーン・杉山・小栗ほか，
1997；鈴木・石橋，1997）。

　以上のように，日豪間の牛肉貿易を扱った既存研究は，対日輸出が急増し豪
州の牛肉産業の構造変化が著しかった 1990 年代半ばまでの企業経営の分析が
中心で，肉用牛飼養・牛肉生産の地域的な特徴や変動について考察したものは，
菅見の限り Riethmuller and Smith（1992）と Reynolds et al.（1994）以外に
は見当たらない。また，Oro and Prichard（2010）では自由化後 20 年間の日
豪の牛肉流通・消費の特徴と変化を検討しているが，分析の中心は企業経営の
変化であり，豪州の肉用牛・牛肉産業の地域的動向についてはほとんど考察さ
れていない。

　そこで本章では，対日輸出にともなう豪州の肉用牛・牛肉産業の変化を検討
する際に日系企業の果たした役割に注目しながらも，輸出に関わる企業の経営
より肉用牛飼養・牛肉生産の現場に着目し，かつその変動の地域差に注目し
て分析することを重視する。また，豪州の対日輸出は自由化を経て急増した
1990 年代半ばまでと，需要の飽和で量・価格ともに停滞したそれ以降とで大
きく異なるため（Pritchard, 2005），分析においては 1990 年代半ばを境に時期
区分する。そして最後に，対日輸出環境の変化が豪州の肉用牛・牛肉生産の立
地をどのように変動させたのか，また豪州国内の牛肉消費にどのような影響を
もたらしたのかについて総括する。

　なお，分析に際しては，豪州政府や日豪の牛肉業界が発行する統計・専門
誌・資料の読み取りを中心としながらも，その解釈については MLA（Meat
& Livestock Australia：豪州食肉家畜生産者事業団）並びに豪州で大規模に
牛肉事業（フィードロット・食肉加工場）を展開している日系企業 4 社と豪州・
米国系企業 3 社からの聞き取り調査（2008 ～ 2009 年に実施）の成果を参考に
した。

Ⅱ．豪州における対日牛肉輸出の本格化と牛肉生産の変化

1．豪州の牛肉生産と輸出の動向

　第4-1図は，1980年以降の豪州における牛肉の生産量と輸出量の推移を示したものである。これによると，牛肉生産量は1980年代半ばにかけて減少傾向にあるが，これは健康志向の高まりを背景とした国内市場の停滞に加えて，一時的に活況を呈していた米国やアジア・中東諸国への輸出の減少が一因であった（宮田，1985）。しかし，その後は輸出の回復に主導されて生産量も増加に転じ，2000年以降には1980年の水準にまで戻っている。そして，この輸出回復には日本の輸入増が大きく貢献している。**第4-1図**に示したように，1980年代の豪州の牛肉輸出の大半は米国向けであったが，自由化を控えた1980年代末以降は日本向けが急増するようになり，1990年代半ばには米国を凌ぐまでに成長している。したがって，日本は新たな輸出市場の開拓が急務

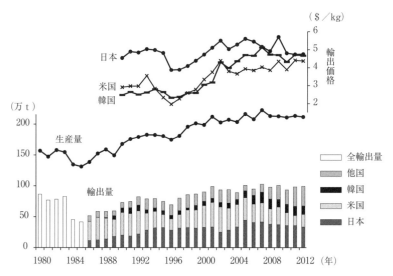

第4-1図　豪州の牛肉生産量と相手国別輸出量および価格の推移

注：牛肉生産量および1983年までの輸出量は枝肉重量ベースの数値である。
資料：Yearbook Australia, ABARES Agricultural Commodity Statistics

であった当時の豪州にとって救世主のような存在であったといえる。

　また，牛肉の販売価格の面でも対日輸出は大きな意味を持っていたと考えられる。**第4-1図**によると，1990年代までの日本向けの牛肉価格は1kg当たり5ドル前後であるのに対して米国向けは3ドル前後と大きな開きがある。これは，対日輸出が家庭用のテーブルミートを念頭に置いたものであるのに対して，対米輸出の大半はハンバーガーパティ用の低品質な加工向け牛肉であることからきている（小林，1991）。したがって，1980年代末からの対日輸出の拡大は高品質な牛肉の輸出に道を拓いたという意味でも，豪州牛肉業界への波及効果が大きかったといえる。

2．対日輸出の本格化による牛肉生産の変化

（1）穀物肥育牛肉の増産とフィードロットの普及

　日本の自由化は豪州の対日牛肉輸出の拡大に結び付いたが，それは同時に日本市場における米国との競争激化をも意味した。自由化前の日本市場では，豪州は米国より低価格な牛肉をチルド流通によって提供するという特徴があり（加藤・土肥，1990），それは放牧一貫経営によって成り立っていた。しかし，そこから生み出される牧草肥育牛肉には脂肪交雑がなく，グラス臭がするなどテーブルミートには適さない。そこで，自由化後の日本市場で米国産との競争に打ち勝つために[56]，屠畜前の一定期間はフィードロット（以下，FL）で肥育した穀物肥育牛肉を投入する必要に迫られた。そのため，豪州では1990年以降にFLの建設が急増していくことになった（ABARE, 2006）。

　第4-2図は，豪州のFLにおける飼養頭数の推移を州別に示したものである。これによると，飼養頭数は対日牛肉輸出の増加と軌を一にするように増加しており，穀物肥育牛肉の生産割合も，全豪平均で1990年の8％から2000年の25％へ，そしてピークの2005年には34％にまで達している。また，FLの大半はクインズランド州（以下，QLD）とニューサウスウェールズ州（以下，NSW）にあり，合わせて80％以上と圧倒的なシェアを占めている。しかし，両州には肥育日数の点で大きな差異がある。すなわち，QLDでは肥育日数が130日未満の短期肥育が主流となっているが，NSWには肥育期間180日以上の長期肥育の経営も多いのである[57]。これは，大部分が温帯に属するNSW

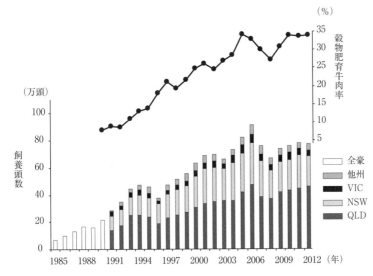

第4-2図　豪州のフィードロットにおける飼養頭数と穀物肥育牛肉の生産比率の推移

注：穀物肥育牛肉率は，当該年のFL経由率（FLからの出荷頭数を全屠畜成牛数で除した値）で代
　　用している。

資料：ALFA, Feedlot Survey および MLA, Market Information Statistics Database

の方が長期肥育で脂肪交雑が進みやすい温帯種[58]の牛の飼養環境に優れてお
り，かつ飼料とする穀物の生産が盛んであるからである。一方，大部分が熱帯
と乾燥帯に属する QLD では，従来から肉質は劣るが酷暑に耐性のある熱帯種
の飼養が盛んで，かつ南東部の一部を除いて穀物生産にも適していない。

　したがって，脂肪交雑のある牛肉生産で対日輸出を指向する FL は NSW の
方が多いといえ，1980 年代末から直接投資した日系企業の多くも NSW に FL
を構えている。**第4-1 表**は，1993 年時点の豪州における主要な FL の経営概
要を示したものだが，日系 4 社の FL は 5 つのうち 4 つが NSW にあり，輸出
率は 85％と極めて高い。また，FL の平均収容能力は 2.2 万頭と巨大で，肥育
牛 1 頭当たりの飼料給餌量は 2.1 トンにのぼる。非日系 16 社の FL は 21 のう
ち 11 が QLD にあり，輸出率が 78％，平均収容能力が 1.2 万頭，飼料給餌量が 1.2
トンであることと比較すると，NSW への日系企業の長期肥育を念頭に置いた
FL 投資がいかに大規模であったか理解できる。

第4-1表　豪州の大規模フィードロットの経営概要

		1993 年		2003 年	
		日系 FL （4 社）	非日系 FL （16 社）	日系 FL （3 社）	非日系 FL （17 社）
立地州	QLD	1	11	1	15
	NSW	4	8	2	6
	その他	0	2	0	2
収容能力 （1 FL 当たり）		11.1 万頭 （2.2 万）	24.8 万頭 （1.2 万）	14.9 万頭 （5.0 万）	34.7 万頭 （1.5 万）
出荷頭数 （1 FL 当たり）		19.4 万頭 （3.8 万）	55.1 万頭 （2.6 万）	20.7 万頭 （6.9 万）	90.6 万頭 （3.9 万）
輸出率		85%	78%	93%	53%
飼料給餌量		2.1 t／頭	1.2t/頭	2.9 t／頭	1.5 t／頭

資料：Aus-Meat／MLA，feedback 誌より作成

　では，FL は具体的に両州のどこに立地しているのか。これを示した**第4-3図**によると，QLD 南東部のダーリングダウンズ地方と NSW 北東部のニューイングランド台地に集中していることがわかる。この要因としては，従来から肉用牛の飼養頭数が多く，かつ気候的に温帯種の飼養が可能な環境にあることと，大麦やソルガムといった飼料用穀物の大産地でもあることが挙げられ，比較的古くから穀物肥育牛肉の生産を行ってきた屠畜場兼食肉加工場（以下，アバトア）が多いことが指摘できる。一方，収容能力1万頭以上の大規模 FL に注目すれば，NSW とヴィクトリア州（以下，VIC）の州境にも比較的多くみられるが，特にリベリナ地方と呼ばれる NSW 中南部には日系・米国系の FL の立地が相次ぎ，成長著しい新興地帯となってきた[59]。

（2）肉用牛飼養地域の拡大

　このような対日輸出の増加にともなう穀物肥育牛肉の増産は，豪州の肉用牛飼養の約80％を占め，かつ FL の立地が集中している東部3州（QLD・NSW・VIC）に大きな変化をもたらした。これを示した**第4-4図**によると，1988 年には肉用牛飼養は主に QLD の全域と NSW・VIC の比較的沿岸部に近い地域でなされていたが，1996 年になると NSW・VIC でも全域的に飼養地域が拡大していることがわかる。特に，温帯種の飼養に適した NSW に増加率の高い地域が多く，内陸部にも新興産地が出現していることから，従来は QLD が中心だった肉用牛飼養地域は南方に拡大したといえる。これを，**第4-3図**

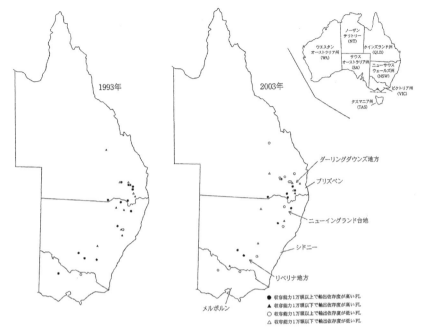

第4-3図　豪州の東部3州における大規模フィードロットの分布変化

注：記載しているのは，feedback誌で明らかにされた1993年および2003年における豪州の肉用
　　牛肥育企業上位20社のFLである。輸出依存度が高いFLとは輸出率が70％以上を指す。
　　資料：Aus-Meat／MLA，feedback誌より作成

と絡めてみると，FL が集中しているダーリングダウンズ地方とニューイング
ランド台地の周辺で飼養頭数の増加率が高く，リベリナ地方では FL の立地地
域とその周辺地域の両方で増加率が高いことがわかる。したがって，FL の立
地は肥育用素牛の飼養も含めて，従来はそれほど活発ではなかった地域で肉用
牛飼養を促す契機になったと考えられる。また，東部3州以外で日系企業が大
規模な牧場を経営している地域としてタスマニア州がある。ここには，大手小
売業の FL と大手食肉メーカーの繁殖牧場があり，1990 年代前半における産
地の成長と雇用の創出に貢献している（**第 4-4 図**）。

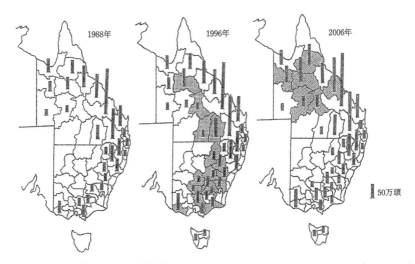

第4-4図 豪州東部における肉用牛飼養頭数の分布変化

注:地域区分は,基本的にABS(豪州統計局)が用いているStatistical Divisionレベルで行ったが,
飼養頭数の多いQLDとNSWでは地域差を詳細に見るために,Statistical Divisionをさらに2〜3
地区に分割して示している。図中で網掛けしている地区は1988〜1996年の飼養頭数の増加率が
全豪平均(22.3%)を10%以上上回っている地区,および1996〜2006年の飼養頭数の増加率が全
豪平均(18.6%)を10%以上上回っている地区である。なお,記載しているのは飼養頭数が20万
頭以上の地区のみである。
資料:ABS,Agricultural Censusより作成

Ⅲ. 対日牛肉輸出の停滞と肉用牛・牛肉生産の新展開

1. 日本市場の停滞と需要の変化

　豪州の対日牛肉輸出は,**第4-1図**に示したように1990年代半ば以降の約
10年間はそれほど増加していない。また,この時期に輸出が伸びたのは加工
用に使われる「その他」に分類される牛肉であったため,価格も低水準にとど
まっていた(日本貿易月表より)。一方で,日本以外への輸出には改善がみら
れ,米国への輸出は大幅に増加し,韓国市場も存在感を増してきた[60]。販売
価格も2001年にかけて急上昇し,特に韓国向けの上昇には目覚ましいものが
みられ,2000年代には日本向けと大差がなくなった(**第4-1図**)。したがって,
1990年代半ば以降は豪州の牛肉産業にとって日本市場の地位は相対的に低下

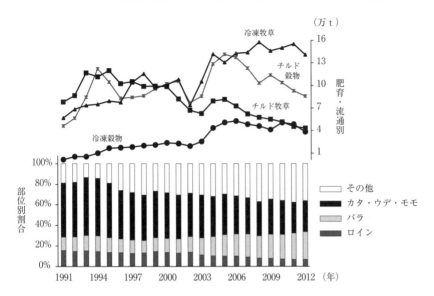

第4-5図　豪州におけるに対日輸出牛肉の部位別・肥育流通形態別の変化

資料：日本貿易月表，MLA，Market Information Statistics Database

したといえる。

　しかし，対日輸出は日本でのBSE問題の発生（2001年9月）で一時的に急減した後，2004年以降は急速に回復する。これは，米国でBSE問題が発生（2003年12月）し，禁輸となったことで代替需要が発生したことによる。また，販売価格も高値で安定したため（**第4-1図**），日本は再び利益の出る市場として脚光を浴びることになった。しかし，これも長くは続かず，米国産が復帰しはじめた2006年以降は輸出量は徐々に減少し，かつ日本市場が求める牛肉は低品質なものにシフトするようになった。**第4-5図**はこれを示したものだが，最も高品質なチルド流通の穀物肥育牛肉は2005年に14万トンとピークを迎えた後は急減する一方で，最も低品質な冷凍流通の牧草肥育牛肉は漸増して15万トン程度を維持している。一方，部位別にみた場合，2003年以降は牛丼などに供されるバラの割合が高級部位のロインの割合を上回るようになっている。これは，同時期の米国産牛肉の輸入急減でバラの需給が逼迫したことに端を発するが，米国産の復帰後も両部位の差は拡大している。また，「その他」の部

位の割合も高まり続けていることを勘案すると，この時期以降の日本市場の豪州産牛肉に対する需要は，リーズナブルな価格のステーキ用から牛丼用，もしくは加工用へとシフトしたといえる [61]。

　したがって，現在でも日本は米国と並ぶ極めて重要な海外市場であり続けているものの（**第4-1図**），かつてのような穀物肥育牛肉の需要はもはやなく，対日輸出とともに成長してきた FL の経営は転換を求められることになった。

2．フィードロット経営の変化と肉用牛飼養地域

（1）非日本市場の成長とその背景

　以上のような日本市場における牛肉需要の変化を受けて，豪州の FL 経営は変化を遂げるようになった。**第4-6図**は，これをみるために FL の収容能力と販売先地域別にみた出荷頭数の推移を示したものである。これによると，FL の稼働は長らく日本向けを大半とした輸出の動向と軌を一にしてきたが，2006年以降には若干の変化がみられる。それは，2006年には日本への穀物肥育牛肉の輸出が若干減少したにも関わらず出荷頭数が大きく増加していること，および2007年以降は一層輸出が減少しているにも関わらず収容能力の拡大が続いていることである。これは，2000年代に入って伸び始めた韓国・米国などの非日本市場への輸出がこの時期以降に本格化したことと [62]，リーマンショック後の2009年以降に再び需要が高まってきた豪州国内市場（**第4-6図**）の将来性を反映したものだと考えられる。つまり，近年の豪州の FL 経営は，日本市場への過度の依存から脱却しつつあるのである。

　では，豪州国内での穀物肥育牛肉の需要は，いつからどのようにして高まってきたのか。**第4-6図**によると，豪州国内向けの穀物肥育牛の出荷は1990年代後半から増加しているが，この時期は自由化を機に伸び続けていた対日輸出が停滞に転じた時期と重なる。また，停滞の契機になった1996年は，日本でO157による食中毒被害が拡大し，その感染源として牛肉が疑われ，消費が一時的に減退するという事態が生じた。このため，大量の対日輸出用の牛肉が行き場を失い，急遽，豪州国内に供給されることになったが，これは豪州国内に初めて長期肥育の穀物肥育牛肉を流通させることに繋がったと考えられる。そして，その後は徐々にその価値が認識されていき，対日輸出が一段と減少した

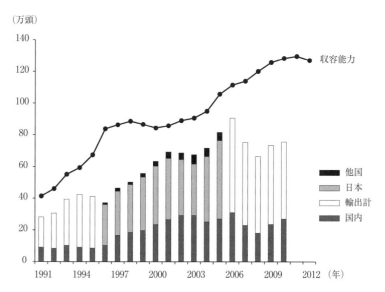

第4-6図　豪州のフィードロットにおける販売先別の出荷頭数と収容能力の推移
資料：ALFA, Feedlot Survey

2002 ～ 2003 年には国内向け出荷がピークを迎えた。しかし，2004 年以降は対
日輸出が急拡大したため，輸出優先で国内向け出荷は抑えられるようになった。
　このように，豪州国内での穀物肥育牛肉の普及には対日輸出の短期的な変動
が関わっているが，それが定着した背景には何があったのか。その１つは，豪
州における 1990 年代半ば以降の安定した経済成長である。特に 2003 年以降は
鉄鉱石・石炭などの鉱物資源の価格高騰に支えられ，「資源国バブル」と称さ
れるほどであった。このような長期にわたる好景気は多くの富裕層を生み出し，
レストランで穀物肥育牛肉を食す習慣も定着したと考えられる[63]。好景気は
物価の上昇を伴ったため，穀物肥育によるコスト上昇を価格に転嫁しても，そ
の理由を「Grainfed」や「WAGYU」などと明示すれば市場では受け入れられ
たと考えられ，これが一層，国内向けの穀物肥育牛肉の生産を刺激したと考
えられる。もう１つは，牛肉の高級部位の需要増である。豪州では，2001 年
以降に牛肉の小売価格が急騰するようになったが，2003 年以降には T ボーン
がランプの価格を上回るようになった（ABS, Average retail price of selected

items より）。これは，ステーキ需要がより高級部位にシフトしたことを意味
しているが，同時に肉質的に高品質な穀物肥育牛肉への関心も高めたと考えら
れる。

（2）FL経営の変化

　以上のような非日本市場の成長は，豪州の FL 経営にどのような変化をもた
らしたのか。

　その最たるものは肥育期間の短期化である。非日本市場，中でも豪州国内に
おける穀物肥育牛肉の需要は，脂肪交雑度より柔らかさを求めたものであり，
大手量販店も気象条件によって品質が一定しない牧草肥育牛肉よりも定時・定
量・定質で供給が可能な点を FL 経由の牛肉のメリットとして評価していた（安
井・和田，2005）。このため，FL での肥育期間は 100 日前後で十分であり，対
日輸出を前提とした温帯種肉用牛の長期肥育に特徴のあった日系企業には，あ
まりメリットがなかった。**第4-1表**に示したように，日系 FL は 2003 年にお
いても飼料給餌量が非日系 FL の2倍近くあり，輸出率は一層高まって93％（非
日系は53％に低下）に達している。このため，収容能力では約30％のシェア
を維持しつつも，出荷頭数では大差がつくなど豪州での地位を低下させ，2000
年以降には撤退する企業も現れるようになった。また，日系企業は対日輸出に
直結するアバトアにも直接投資してきたが，2000 年以降は枝肉生産量に占め
るシェアを低下させている[64]。

　このような短期肥育の牛肉の需要増は，FL の立地にも変化をもたらした。
第4-2図によると，1990 年代後半以降の QLD における FL での飼養頭数の
伸びは目覚ましく，特に 2000 年以降は NSW の動きと明暗を分けている。こ
れは，QLD には熱帯種および熱帯種と温帯種の交雑種が多く（長谷川・南正覚，
1993），その増体効率のよさが低コスト生産を行う上で適していたからでいる。
また，**第4-3図**で FL の立地をより詳細にみると，2003 年には QLD 南東部
のダーリングダウンズ地方の周辺に大規模で輸出依存度が低い FL の立地が進
んでいる。したがって，1990 年代後半以降の FL の立地は，気候的に熱帯種・
温帯種の両方の飼養が可能なダーリングダウンズ地方に集中する傾向を強め，
それまで肥育用素牛と飼料穀物の双方への近接性を求めて NSW 南部に広がる

傾向にあった動き（引地・石橋，1994）が変化したといえる。

（3）肉用牛飼養地域の変化

　では，1990年代後半以降の市場環境の変化は，豪州の肉用牛飼養の分布にどのような変化をもたらしたのか。**第4-4図**で1996年と2006年における豪州東部3州の肉用牛飼養の分布を比較すると，大規模FLの立地が相次いだQLD南東部よりもQLD北部の方が伸びが大きいことがわかる。一方で，1988年から1996年にかけて著しく増加したNSWとVICでは大きく増加した地域は見られず，州全体としては減少している。これは，この時期のFLの立地動向に加えて，相対的にQLD北部の成長を促す環境が整ったことからきている。その1つは対米輸出の回復である。米国への輸出は穀物肥育牛肉も伸びてきたとはいえ大部分は加工用牛肉であるため，QLD北部の放牧一貫経営の肉用牛の方が国際競争力を発揮できる[65]。この点で，対日輸出の増加を受けて穀物肥育牛肉生産の比重を高めてきたQLD南東部やNSW，VICには，あまり恩恵がなかったのである。

　もう1つは，生体牛の輸出増である。生体牛の輸出は1992年には約15万頭だったのが1995年には50万頭，2000年には90万頭へと急増し，その後は80万頭前後で推移している（Australian Commodity Statistics より）。その主な相手国は経済成長により牛肉需要が高まっているインドネシアやフィリピンなどの東南アジア諸国であり，輸出後は現地のFLで一定期間肥育された後に食肉処理されるが（鈴木，1997），その点で輸出には気候的に東南アジアに近い地域で飼養されている牛が適している。そのため，豪州の北部に位置するウエスタンオーストラリア州北部，ノーザンテリトリー，QLD北部[66]からの輸出が増加したのである。

Ⅳ. 1990年代以降の豪州における肉用牛・牛肉関連産業の地域的展開

　日本の輸入自由化を1つの契機とする豪州の対日牛肉輸出の増加とその後の停滞は，豪州の肉用牛・牛肉関連産業にどのような影響をもたらしたのか。ここでは，これまで詳しく触れることができなかった飼料用穀物生産と肉用牛

品種開発，ならびに牛肉産業の地域的展開方向について，東部3州（QLD・NSW・VIC）の実態を検討する。

1. 穀物肥育牛肉生産の拡大と波及効果

（1）飼料用穀物産地の拡大

　肉用牛のFL経由率の高まりは，飼料としての穀物の需要を高めた。豪州では，飼料用穀物の輸入には検疫上の制限があったため[67]，FL部門の成長とともに穀物の増産が促された。中でも小麦・大麦・ソルガムは飼料としても需要が高く，かつ生産は広範に行われているため，FLの立地と穀物産地の分布変化との関連をみる上で興味深い。そこで以下では，飼料向けの用途が中心の大麦とソルガムを例に考察する[68]。

　第4-7図は，東部3州における大麦とソルガム産地の分布変化を示したものである。これによると，1988年時点では大麦栽培の中心地はQLDのダーリングダウンズとVIC西部の2つであり，NSWではそれほど盛んではなかったことがわかる。しかし，2006年にはNSWでも栽培面積が大きく伸びており，主に内陸部で新たな産地形成が進んだことがうかがえる。これは，従来は大規模なFLが存在しなかったニューイングランド台地の南方やリベリナ地方へのFLの立地によって（第4-3図），周辺地域における大麦生産が促されたからだと考えられる。一方，ソルガム栽培の分布には大きな変化はない。2006年に現れた新興産地はNSWのニューイングランド台地の西方に一部みられるに過ぎず，むしろ栽培中心地はダーリングダウンズ地方とニューイングランド台地へと収斂しながら縮小しているとさえいえる。これは，ダーリングダウンズ地方の北方には2003年においても大規模なFLの立地がなく（第4-3図），また干ばつによって安定的な生産を期待しにくい条件下では，飼料穀物の生産増を促す誘因が小さかったからだといえよう。

（2）肉用牛品種開発の活性化

　穀物肥育牛肉の増産は，FLでの肥育に適した素牛の飼養や品種改良を活発化させ，中でもアンガス・マリーグレーなど英国起源の温帯種の飼養が日系FLを中心に広がったといわれている（木下・安井，1991）。しかし，豪州で

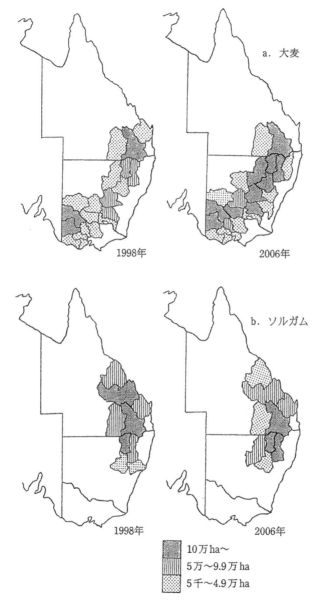

第4-7図　豪州の東部３州における大麦とソルガムの栽培地域の変化

注：地域区分は第4-4図に同じ。
資料：ABS，Agricultural Census and Surveyより作成

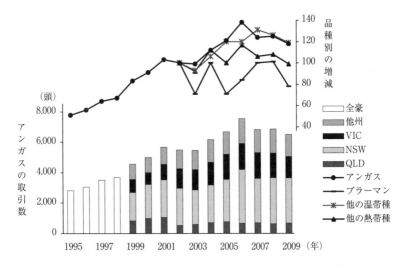

第4-8図　豪州における主要な肉用牛種の種雄牛の競り取引数の推移

注：他の温帯種とはヘレフォード・シャロレー・ショートホーンなど6種，他の熱帯種
　　とはドラウトマスター・サンタガタルースの2種である。
　　品種別の取引頭数の増減は，2002年を100とした指数で示している。
資料：Angus Society of Australia, Angus Australian Journal誌

は和牛に特化した日本とは異なり肉用牛の品種は数多くあり，かつ交雑種の割
合が40％程度もあるため，穀物肥育牛肉の増産の中でどの品種の飼養が増加
傾向にあるのか統計的に把握するのは容易ではない[69]。そこで，種雄牛の取
引動向に注目した。豪州では人工授精ではなく薪牛による繁殖が一般的である
ため，種雄牛の売買動向で品種ニーズの変遷を推測できると考えられるからで
ある。

　第4-8図は，1990年代後半以降の豪州における種雄牛の市場での競り取引
の動向を，近年，和牛とともに銘柄化されているアンガスを中心に示したもの
である。これによると，アンガスは1995年には2,000頭台でしかなかったが，
その後順調に増加して対日穀物肥育牛肉の輸出がピークとなった2006年には
7,000頭台に達していることがわかる。また，州別にみるとNSWで取引数が
最も多く，取引価格でも他州より高く推移している[70]。これは，日系企業を
はじめとして対日輸出を指向するFLがNSWに多く，かつアンガスが最も脂
肪交雑の成績がよいことが次第に認識されてきたからである（Francis, 1997）。

VICでも取引数が多いことについては，温帯種の飼養に適した気候環境下にあることと，酪農が盛んな地域であるため，乳用種の雌牛と他品種との間で交雑種を生産する機会があることが関係している（引地・安井，1993）。

　一方，アンガス以外の品種の動向については，データの制約上，2002年以降しか示せていないが，熱帯種で最も飼養頭数の多いブラーマンの取引数の伸び率（2002年を100とした指数）は低調に推移している。また，アンガス以外の温帯種とブラーマン以外の熱帯種を比較しても，温帯種の方が伸び率が高い。したがって，短期肥育に特化しながらも穀物肥育牛肉の生産比率が高まる中では温帯種に対する需要の方が強く，かつ経営効率を上げるための適切な交雑パターンの模索も行われているものと考えられる。

　このように，豪州で対日輸出を念頭においた穀物肥育牛肉の生産が増加する中で，NSWを中心に霜降り成績のよい温帯種に注目が集まることは，牛肉生産の多様化という意味で画期的であったといえる。そして現在では，一層の肉質改善のために和牛の遺伝子の導入も普及しつつあり，その意味でも日本市場や日系企業のもたらした影響は大きいといえる。

２．輸出環境の変化と牛肉産業の地域的再編

（１）アバトアの立地移動

　輸出を念頭に置いた穀物肥育牛肉の増産は，放牧地に規定された肉用牛の分布を大きく変え，それはFLやアバトアの立地にも反映した。FLの立地動向については，既に1990年代後半以降の輸出環境の変化を背景として，NSWで減少しQLD南東部で増加してきたことを指摘したが（**第4-3図**），FLからの屠畜牛を受け入れるアバトアの立地についてはどのような変化が見られたのか。

　第4-9図は，それを輸出用ライセンスのあるアバトアに限定して示したものである。これによると，アバトアの数は1988年から2009年にかけて減少傾向にあり，特に豪州最大の人口集積地であるNSWのシドニー大都市圏とその周辺でそれが目立っている。この要因としては，穀物肥育牛肉の増産が進む中で，相対的に肥育牛がニューイングランド台地やリベリナ地方のFLに移動していき，シドニー周辺のアバトアが屠畜用の成牛（以下，屠畜牛）を集める上

で不利になったことが考えられる。一方，アバトアの集中が進んだのは QLD のブリズベン大都市圏および VIC のメルボルン大都市圏である。もっとも両エリアにおける集中には若干差異がある。すなわち，QLD では北部にあったアバトアが減少しつつブリズベン大都市圏に集中しているのに対して，VIC では他肉との兼用アバトアを中心に数的に大きく増加しているのである。

　この間の QLD での肉用牛屠畜数が 248 万頭から 347 万頭へと 1.4 倍に急増している（VIC は 1.2 倍）ことを勘案すると（MLA, Statistical Review より），いかに大規模なアバトアがブリズベン大都市圏に集中してきたかがわかる。これには，1990 年代後半以降に大規模な FL がダーリングダウンズ地方に集中してきたことや（**第 4-3 図**），対米輸出用の牧草肥育牛肉を生み出す熱帯種肉用牛が QLD に多いことが背景にあり，かつグローバル競争下で経営の合理化を進めざるを得ない中で，QLD 北部の小規模アバトアが淘汰された[71] 結果でもある。

第4-9図　豪州の東部3州における輸出向け肉用牛アバトアの分布変化

資料：Aus-Meat／MLA，feedback誌およびAus-Meat資料より作成

（2）QLD南東部への一極集中

　以上のような FL・アバトアの QLD 南東部への立地移動は，牛肉の輸出港としてブリズベン港の地位を飛躍的に高めた．**第4-10図**は，東部3州の拠点貿易港であるブリズベン港・シドニー港・メルボルン港における「肉類の輸出量」の推移を1988年以降について示したものである[72]．これによると，ブリズベン港とメルボルン港からの輸出量はそれぞれ，約30万トンから70万トンへ，約25万トンから40万トンへと大きく増加しているが，シドニー港はほとんど増加することなく推移し，2003年以降はむしろ減少している．また，メルボルン港を擁する VIC は羊肉の主産地であり，同州から輸出される肉類の30％程度（QLD は1％）は羊肉であることを勘案すると（MLA, Statistical Review より），牛肉の輸出港としてのブリズベン港の地位は1988年以降，飛躍的に高まったといえる．

　このようなブリズベン港の地位向上の背景には，アバトアとの近接性の他にも，2大輸出市場である日本と米国への相対的な近さがある．すなわち，豪州

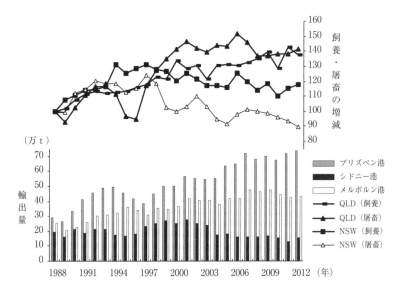

第4-10図　豪州東部3州の主要港における肉類の輸出量と肉用牛の飼養・屠畜頭数の推移

注：飼養頭数と屠畜頭数の増減は，1988年を100とした指数で示している．
資料：MLA, Statistical Review, Market Information Statistics Database

東部を発地とする太平洋側へのコンテナ貨物航路の多くは，メルボルン港を出発した後にシドニー港とブリズベン港を経由するため，日本や米国に到着するまでの航海日数はブリズベン港を利用した場合，メルボルン港に対しては5〜6日，シドニー港に対しても2〜3日短くなり，輸送コストを抑えることができるのである。

　以上のように，QLD 南東部は1990年代後半以降の市場環境の変化の中で，多様な肉用牛種と飼料穀物を産し，かつ FL・アバトア・輸出港を擁する牛肉産業集積地として発展を遂げてきた。このような QLD 南東部の拠点性の高まりは，北部の放牧一貫経営の肉用牛だけでなく，グローバル展開する巨大企業の肉用牛が生育につれて NSW など南部から QLD へ集まってくる動きも生み出しており[73]，それは，QLD・NSW 両州における飼養頭数と屠畜頭数の動向にも表れている。両州の飼養頭数・屠畜頭数の伸び（1988年を100とした指数）を示した**第4-10図**によると，NSW では1990年代末以降は飼養頭数が減少傾向に転じているが，それ以上に屠畜頭数の減少度が大きくなっている。一方，QLD では同時期に飼養頭数の増加以上に屠畜頭数が増加しており，NSWで生育した肉用牛が屠畜時に QLD に移動する度合いが高まっていることと符合している。

　したがって，対日輸出の本格化に伴って1990年代半ばまで注目された肉用牛・牛肉生産の NSW など南部への拡大の動きは現在は見られず，今後はQLD 南東部の牛肉産業センターとしての地位が一層高まっていくものと思われる。

V. 小括

　日本の牛肉輸入の自由化は，世界有数の牛肉輸出国である豪州の肉用牛・牛肉産業に様々な変化もたらした。それは，自由化後の日本が豪州最大の輸出相手国に成長したことに加えて，肉質的に脂肪交雑のある穀物肥育牛肉を求める特殊な消費嗜好を有していたからで，肉用牛・牛肉の生産・流通に関わる様々なセクターの地域的展開に大きな変化を生ぜしめた。

　第4-2表はその概要を示したものだが，これによると日本市場は自由化を

第4-2表　日本の牛肉輸入自由化と豪州の牛肉産業の変化

	市場環境	牛肉関連産業	立地展開
1988〜1995年	日本市場の急成長 米国を凌ぐ最大の海外市場になる。 穀物肥育牛肉の需要増大	FL建設の急増 飼料用穀物の増産 脂肪交雑に適した牛の飼養が増加。 日系企業の直接投資。	温帯地域に脚光 NSW内陸部への投資の進展
1996年〜	日本市場の停滞と低価格指向。 対米国・韓国輸出の回復・成長。 国内で穀物肥育牛肉の需要が拡大。	FLでの肥育期間の短縮 増体効率の良い牛の飼養の見直し。 放牧一貫経営の強みの再確認。 日系企業の撤退とシェア低下。	放牧環境に適した地域の見直し QLD南東部への牛肉関連産業の集積が進展。

資料：現地調査をもとに筆者が作成

経て1990年代半ばまで急速に成長し，米国を凌ぐ豪州最大の海外市場になった。これは，減退基調にあった当時の豪州の肉用牛飼養・牛肉生産を回復・拡大させると同時に，従来の豪州では少なかった穀物肥育牛肉の生産を本格化させることを促した。このため，豪州ではFLの建設が東部3州を中心に急速に進み，日系企業の直接投資も活発化した。また，脂肪交雑の進みやすい肉用牛は温帯域での飼養に適した英国起源の品種であったため，FLでの肉用牛飼養はそれまであまり活発でなかったニューイングランド台地やリベリナ地方などNSWの内陸部に広まるようになり，その周辺地域における飼料用穀物の生産にも刺激を与えた。

しかし，1990年代後半以降の日本市場では，牛肉需要が停滞すると同時に低価格指向を強めた。このため，肉質的には低品質な冷凍流通の牧草肥育牛肉の輸入が増加し，それまでのテーブルミート需要を念頭においた穀物肥育牛肉の輸入は減少した。これを受けて豪州では，穀物肥育牛肉の代替市場として韓国市場や豪州国内市場が注目され，次第にその比重は高まっていった。しかし，非日本市場ではそれほど肉質的に脂肪交雑は求められず，この時期に活発化したのは肥育期間の短い穀物肥育牛肉の生産であった。このため，肥育用素牛として増体効率の良い熱帯種の導入が増加し，FLの建設はQLD南東部のダーリングダウンズ地方で急増した。また，1990年代後半には米国向けの牧草肥育牛肉の輸出が回復し，QLDの低コストな放牧一貫経営の肉用牛の需要が高

まったため，アバトアは輸出港であるブリズベンへの近接性とも相まってブリズベン大都市圏に集中するようになった。

したがって，豪州の肉用牛飼養・牛肉生産は FL の展開とともに，一時的には NSW の比重を高めたが，近年は再び QLD 南東部へと集中するようになったといえる。そして今や，当地域は豪州の牛肉関連産業（肉用牛・飼料用穀物・FL・アバトア）の集積地として確固たる地位を築くに至ったが，NSW に多かった日系企業は日本への輸出を前提にした長期肥育の FL 経営から脱却できず，豪州事業から撤退する例もみられた。

以上のように，日本の自由化が豪州の肉用牛・牛肉産業に及ぼした影響は，輸入量が急増していた 1990 年代半ばにかけて顕著に現れたといえる。それは端的に言えば，日本市場の消費嗜好に合う穀物肥育牛肉の生産の本格化であり，それには日系企業の直接投資が果たした役割も大きかった。一方，1990 年代後半以降には輸出先としての日本市場の地位は低下したものの，それまでに豪州国内で浸透した FL 経営のノウハウや脂肪交雑の進みやすい肉用牛の品種開発の定着などは，豪州が多様なニーズに応えられる牛肉輸出国として競争力を持つ上では大きな意味を持った。また，豪州国内では好調な経済の中で，高価な穀物肥育牛肉はプレミアムメニューとして受け入れられつつあり，その中には和牛もしくは和牛の遺伝子を有する牛肉も含まれている。これも，日系企業と日本市場がもたらした遺産の1つといえよう。

日本が牛肉の輸入自由化を決定してから 30 年以上が経過した。豪州では当初，対日輸出は伸びても日系企業の大規模な参入によって市場がコントロールされて利益が流出するのではないかという南北問題のような懸念があった（日本食肉協議会，1990；小林，1991，Young and Shesles, 1991）。しかし，本章で明らかになったのは，日系企業の参入が豪州の肉用牛飼養・牛肉生産を活性化させ，地域的にも牛肉関連産業の裾野の拡大を通じて雇用機会の少ない東部3州の内陸部等の地域経済の発展に貢献したことであり，対日輸出の重要性が低下し，また日系企業の撤退が相次いだ後も，その遺産が活かされているという現実である。

第5章

対日オレンジ輸出の拡大と米国カリフォルニア州の
柑橘産地の地域的再編

I．はじめに

　本章では，日本の自由化にともなうオレンジ生果の輸入増が相手国の柑橘産地に及ぼした影響を[74]，米国カリフォルニア州を事例に検討する。米国はブラジル，中国に次いで世界第3位の柑橘生産国だが（FAOSTAT 2012より），その用途は果汁向けが大半で，生果の貿易はスペイン・モロッコ・イスラエルなど地中海沿岸諸国で歴史的に先行していた。しかし，1980年代初頭からは低価格なブラジル産の冷凍濃縮果汁が米国にも輸出されるようになり，最大産地のフロリダ州は苦境に陥った。また，生果販売を中心に発展してきたカリフォルニア州では，国内需要の伸び悩みで海外市場の開拓が求められるようになったが，欧州市場に食い込むには至らなかった（Ward and Kilmer, 1989）。このような中，長らくオレンジの輸入を厳しく制限してきた日本は，地中海諸国より米国の方が地理的に近いという意味でも有望な市場であり，それが輸入割当拡大・自由化圧力となって現れていた。

　では，カリフォルニア州ではオレンジ栽培がどのように展開し，対日輸出圧力が生み出されてきたのか。この点について北川（1978）は，カリフォルニア・アリゾナ産地では，戦後の増植が続く中で生果消費の減少が生じたため需給バランスが崩れ，1960年代後半以降は価格が低迷して収益が悪化し，これが日本への輸出拡大要求につながっていることを指摘した。また，カリフォルニア・アリゾナ産地は自然条件の異なる4地区に分かれており，多様な品種を組み合わせることで産地全体では周年収穫を可能にしているが，バレンシア種を中心とする南カリフォルニア地区では都市化や価格低迷の影響で栽培面積が減少傾向にあることを明らかにした。1980年代以降については，（財）中央果実基金（1991）が報告しているが，そこでは南カリフォルニア地区での減産は継続し，

バレンシア種の生産でもセントラルバレーにある中央カリフォルニア地区が上
回るようになったことや，1990年末の寒波はセントラルバレーに壊滅的な打
撃を与えたが南カリフォルニア地区には影響が出なかったこと，輸出は香港・
日本向けが最大で，多くはバレンシア種であることが明らかにされた。さらに，
Etaferahu（1993）は1950年代以降のカリフォルニア・アリゾナ州の柑橘農業
の動向を検討した結果，継続的に成長しているのは4地区の中で中央カリフォ
ルニア地区だけで，1980年代半ば以降の価格上昇と栽培面積の拡大はフロリ
ダ州の寒波による減産と海外市場での販売が好調なことが要因であるとした。

　次に，自由化を巡る日米交渉を検討したものとしては，1984年合意の意義
について論じたCoyle（1986）の業績が興味深い。そこでは，対日輸出の増加
は高付加価値品の輸出増という点で意義深いが，1987年時点の生果の輸入割
当12.6万トンは，日本市場の需要をほぼ満たすもので，将来的に自由化して
もそれほど大きな輸出増は期待できないとした。一方，果汁については潜在的
な需要が大きく，自由化で輸入が急増すると予想したが，果汁はブラジル産
の価格競争力が強いため米国には恩恵が少ないとした。また，3年後の自由化
を決定した1988年合意と自由化直後の状況を検討したものとしては，Porges
（1994）が挙げられる。そこでは，フロリダ州は自由化決定に満足したが，カ
リフォルニア州で最大の輸出シェアをもつサンキスト社は自由化ではなく関税
削減と季節枠の撤廃を求めていたことが明かされた。また，自由化後も日本市
場におけるオレンジ生果の米国産のシェアは90％以上を維持し米国に大きな
利益をもたらしていることと，果汁についても予想に反して米国産のシェアが
高まったことを報告した。そして，自由化後の輸入価格の低下は日本の消費者
にとっても大きな恩恵をもたらしたと総括した。

　以上のように，自由化に至る時期におけるカリフォルニア州のオレンジ産地
に関する研究は，戦後の生産動向を踏まえた需給や相場の変遷とそれにともな
う対日輸出圧力に関するもの，ならびに自然条件等を背景とした州内の柑橘栽
培の地域的差異に関するものを中心に蓄積されてきた。では，自由化後のカリ
フォルニア州のオレンジ生産はどのように推移したのか。第2章で論じたよう
に，生果の対日輸出は自由化の4年後には減少に転じ，果汁も2000年以降は
激減してしまった。これは，Coyleの予想の正しさとPorgesの自由化への肯

定的な評価に反する結果といえる。また，1990年代後半以降の米国ではネーブル需要が高まり，南半球諸国からの輸入増とも相まってバレンシア種の価格低迷が続き，カリフォルニア産地では他作物に転作する動きがあることも指摘されている（Sakovich, 1996；Warner, 1998；Chao and Doty, 2002）。

　そこで本章では，自由化を経て急増・急減した日本の生果オレンジの輸入が，米国のオレンジ輸出ならびにカリフォルニア産地にどのような変化をもたらしたのかを，1990年代後半以降の米国のオレンジ貿易の動向やオレンジ需要の変化を踏まえながら検討する。また，分析に際しては，カリフォルニア産地の地域的多様性に留意しながら，1991年の自由化から20年間の動きに焦点を当てることにする。なお，以下では特に断りのない限り，オレンジとは生果オレンジを指し，分析も生果部門について行う。

Ⅱ．米国におけるオレンジ輸出の動向と柑橘産地

1．オレンジ輸出の動向と日本市場

　第5-1図は，1980年以降の米国のオレンジ輸出の動向を示したものである。これによると，1980年代半ばまではカナダと香港が主要な輸出先で，対欧州輸出の不振などで輸出量は全体的に減少傾向にあったことがわかる。そのような中，米国の輸入割当拡大・自由化要求を受け入れた日本は1990年代半ばまで輸入量を急増させ，カナダと並ぶ2大海外市場の1つとなった。そして，米国のオレンジ輸出は1980年代の30万トン台から50万トン台へと10年余りで急成長を遂げた。しかし，輸出拡大を牽引した日本の輸入は1990年代後半から減少に転じ，自由化前のレベルに戻ってしまった。このため，輸出量は2000年代初頭にかけて頭打ちとなったが，その後は韓国・中国が新市場として台頭して再び増加基調に戻り，2010年代には70万トンと史上最高に達している。

　一方，価格については1990年代までは1トン当たり500ドル台だったのが2000年代に入って600ドル台に，そして2009年以降は800ドル台へと急騰しており，輸出環境は急速に好転している。また，日本の輸入価格は1990年代半ばまでは他国を大きく上回っていたが，2000年代には韓国に凌駕される

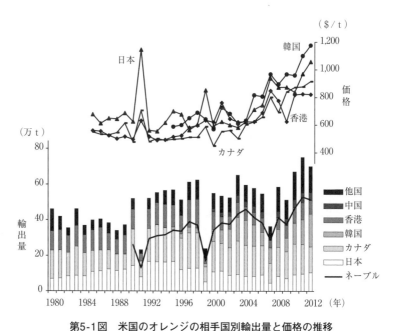

第5-1図　米国のオレンジの相手国別輸出量と価格の推移

注：ネーブルは便宜上，11月～4月にかけて輸出された量で示している。
資料：JETRO「貿易統計データベース」，Agricultural Statistics

ようになり，カナダとも大差がなくなった。したがって，日本市場は1980年代後半から1990年代前半にかけては量的にも価格的にも極めて重要な地位にあったといえ，日本の輸入割当拡大・自由化は米国の輸出主導でのオレンジ不況の脱出に大きく貢献したといえる。

　このように，米国のオレンジ輸出は主要相手国を変えながらも長期的には大きく成長しており，販売価格の上昇とも相まって採算は高く維持されていると考えられる。しかし，1991年・1999年・2007年にはカリフォルニア州に襲来した猛烈な寒波の影響で輸出量が激減し，価格も高騰するなど，不安定な側面もみられる。また，輸出されたオレンジの品種に着目すると，1990年代末以降に大きな変化がみられる。それは，ネーブル種（以下，ネーブル）の割合が高まってきたことで，1990年代前半には50％余りだったのが2000年代には70％以上に達している（**第5-1図**）。つまり，バレンシア種（以下，バレンシア）に限定すれば輸出量は大きく減少し，市場環境はむしろ悪化しているとい

えるのである。

　一方，輸入については従来ほとんどなかったが，1990年代末より豪州と南アフリカ共和国産を中心に増加しはじめ，2012年には13万トンに達している（Agricultural Statistics より）。これは，輸出量70万トンと比べると必ずしも多くないが，大半は南半球では冬季に当たる7～9月になされている（JETRO貿易統計データベースより）。これは，品種的にはネーブルを輸入していることを意味し，同時期に米国内で流通する米国産バレンシアの需要を奪っているといえる。柑橘類の輸入はレモン・ライムでも急増しているが，その背景には小売業における商品のグローバル調達の進展がある。米国の柑橘農業は輸出産業である一方で，輸入圧力にも晒されているのである。

2．米国の柑橘産地の地域的特徴

　米国は世界有数の柑橘生産国だが，その栽培地域は**第5-2図**に示したように広範には存在せず，主要産地は南部のカリフォルニア（以下，CA）・アリゾナ・テキサス・フロリダの4州にほぼ限定されている[75]。中でもフロリダとCAが2大産地をなしており，オレンジ・グレープフルーツについてはフロリダが，

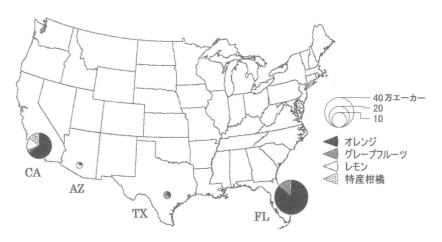

第5-2図　米国の主要な柑橘生産州と品種別栽培面積（2012年）

注：栽培面積1,000エーカー以上の州について示している。
　　CAはカリフォルニア州，AZはアリゾナ州，TXはテキサス州，FLはフロリダ州を指す。
資料：Census of Agriculture

第5-1表　米国の主要なオレンジ生産州における経営の地域差（2008年）

| | 栽培面積（エーカー） | | 生果出荷率 | 生果価格 | 対日輸出量 |
	ネーブル	バレンシア	（%）	（$ /t ）	（t ）
フロリダ	206,900	257,000	3.4	263	0
カリフォルニア	141,000	47,000	76.1	342	69,350
テキサス	7,500	1,300	76.9	162	0
アリゾナ	1,500	900	67.1	234	0

注：生果価格は，パッキングハウス価格で示している。
資料：Citrus Fruits Summary，（社）日本青果物輸入安全推進協会『輸入青果物統計資料』

　レモンと特産柑橘[76]についてはCAが最大産地となっている。一方，テキサス州とアリゾナ州ではオレンジ栽培は少ないものの，それぞれグレープフルーツとレモンでは全米2位の栽培面積を有している。

　では，フロリダとCAではオレンジの生産・販売面でどのような差異があるのか。**第5-1表**によると，その差は収穫したオレンジの用途に端的にあらわれており，CAでは76%が生果として出荷されているのに対してフロリダでは5%にも満たない。つまり，フロリダは果汁を中心とした加工用オレンジの栽培に特化した産地といえ，このことはフロリダの生果価格が1トン当たり263ドルとCAの342ドルよりかなり低いこと，オレンジの栽培品種が果汁用に適したバレンシアの方が多いこと，日本への生果の輸出はこれまでほとんど行われてこなかったことにも繋がっている。このような米国における柑橘栽培の地域的特徴は，1990年代と比較しても大きな変化はない（川久保，2008）。むしろ，フロリダとCAにおけるオレンジ栽培の性格の差異はより鮮明になっており，CAのネーブルを中心とした高価な生果オレンジの対日輸出産地としての地位は一層高まっているといえる。そこで以下では，対日オレンジ輸出が急増していく1980年代半ば以降のCAの柑橘産地に限定して，その変化を検討する。

Ⅲ. 1980年代以降のカリフォルニア州における柑橘生産の地域的動向

1．柑橘生産の動向

　第5-3図は，1980年以降のCAにおける柑橘栽培の動向を品種別に示したものである。これによると，柑橘栽培面積の減少は1980年代末に歯止めがか

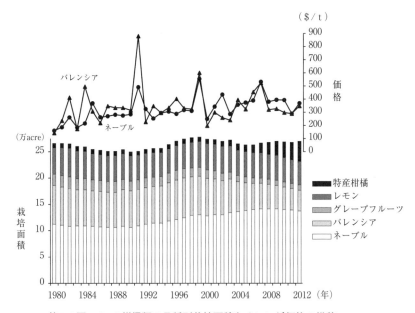

第5-3図　CAの柑橘類の品種別栽培面積とオレンジ価格の推移

注：価格はパッキングハウス価格で示している。
資料：Citrus Fruits Final Estimate

かり，1990年代は概ね増加し1999年には28万エーカー（1 acre は 0.4ha）近くに達したが，2000年以降は伸び悩んでいることがわかる。このような変化は，中心品種であるオレンジの動向に概ね規定されており，かつ2000年以降のオレンジ栽培の停滞・減少傾向がバレンシアの動向に起因していることは，**第5-1図**で示した輸出量の動向とも一致している。販売量の約30％を輸出に依存している CA のオレンジの生産[77]は，その輸出動向にも左右されてきたといえ，その意味では日本の輸入増加とその後の減少がもたらした影響は大きかったといえる。一方，他の品種についてはレモンの栽培面積が4万エーカー台後半で安定しているのに対して，グレープフルーツは1990年代後半以降に著しく減少し，存在感がなくなりつつある。これに対して急増中なのが特産柑橘で，2000年の0.9万エーカーから2012年には3.8万エーカー（柑橘類全体の14％）に達している。

　このように，2000年以降の CA では柑橘類全体では栽培面積は26万エーカー

台で安定しているが，品種構成は大きく変化している。これは，米国での需要の変化や産地間競争および価格の動向と概ね一致している（USDA, Citrus Fruits Summary による）。すなわち，グレープフルーツの減少は販売促進活動や品質面でフロリダとの競争に敗れ（Witney, 1995），対日輸出のシェアを大きく奪われたこと[78]。特産柑橘の増加は，種子がなく皮も剥きやすいという簡便さが消費者に好まれたことと，オレンジの国内供給が激減した1999年に大量に輸入されたスペイン産クレメンタインの品質の高さがその需要を定着させたことからきている（Mauk et al, 1996；Kahn and Chao, 2004）。では，オレンジのうちバレンシアの栽培が2000年代に入って急減し，かつネーブルより低価格になってしまったのはなぜなのか（**第5-3図**）。これには輸出量の減少が大きく関わっているが，実は米国内における柑橘消費の形態が果汁から生果へ変化している影響も大きい。この背景としては，オレンジが野菜と並んで健康食を意味するものとして捉えられるようになったことと（Pollack et al, 2003），ファーマーズマーケットの増加が生果の購入機会を増やしていることが指摘されている（（財）中央果実基金，2003）。果汁として飲む場合は飲料需要の多い夏期に流通し，香りが強いバレンシアの方が適しているが，生果として食す場合はより甘く剥きやすく，種がなく大玉なネーブルの方が適している。これが，ネーブル需要の高まりに繋がり，夏期の南半球産ネーブルの輸入を促進させることにもなったのである。

　したがって，近年のCAでのオレンジ生産は，好調なネーブルとは対照的にバレンシアには極めて厳しい市場環境にあるといえ，産地の再編が進んでいると考えられる。

2．主要な柑橘産地と地域的動向

　CAは米国最大の農業生産額を誇る州で，畜産物・野菜・花木・果実などの部門で特に高い地位にある。また，2012年現在，柑橘類は果実とナッツ類の中ではオレンジがブドウ・アーモンド・イチゴ・ウォルナッツに次ぐ第5位，レモンは第6位にランクされており，主要な品目の1つであるといえる（California Agricultural Statistics Review より）。しかし，経営規模でみた場合，オレンジ・レモンとも成長著しいブドウやアーモンドとの格差は大きく

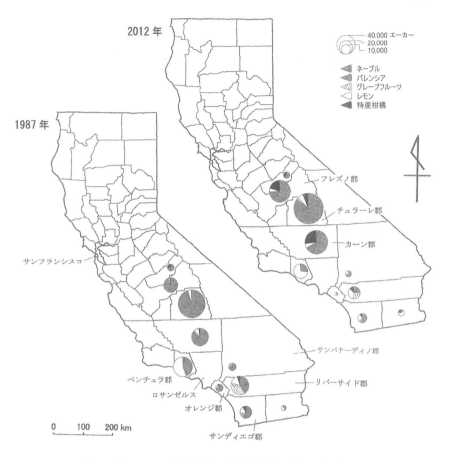

第5-4図　CAにおける柑橘の品種別栽培面積の分布（2012年）

注：オレンジの内訳は1987年はCrop Reportのデータを参考に推計し，
　　2012年はバレンシア以外をネーブルとしてカウントしている。
資料：Census of Agriculture

（Census of Agriculture より），比較的家族経営が多く残っている品目といえ
る。栽培地域については，果実・ナッツ類はセントラルバレーが中心で，北部
から南部にかけてウォルナッツ，ブドウ，アーモンドの栽培中心地が続いてい
る。また，イチゴはセントラルバレー外の年中温暖な州南西部の海岸沿いの地
域で栽培が盛んである。

　では，柑橘類の栽培はどこで行われているのか。**第5-4図**は，栽培面積 1,000

第5-2 表　CA の柑橘栽培主要6郡における経営の特徴

2012 年	果樹の中の柑橘率(%)	1農場当たり経営規模		オレンジの収量と価格			
		柑橘計(エーカー)	オレンジ(エーカー)	ネーブル(t/エーカー)	バレンシア(t/エーカー)	ネーブル($/t)	バレンシア($/t)
フレズノ	16.3	90.1	82.0	14.0	17.7	452	353
チュラーレ	49.2	55.2	51.4	13.5	14.7	696	603
カーン	30.4	354.3	250.6	12.4	13.7	681	632
ベンチュラ	56.5	28.4	12.0	15.1	14.0	399	437
リバーサイド	38.1	23.7	11.0	14.5	9.5	287	225
サンディエゴ	28.7	6.1	5.4	16.4	8.3	341	312

1987 年	果樹の中の柑橘率(%)	1農場当たり経営規模		オレンジの収量と価格			
		柑橘計(エーカー)	オレンジ(エーカー)	ネーブル(t/エーカー)	バレンシア(t/エーカー)	ネーブル($/t)	バレンシア($/t)
フレズノ	7.6	41.1	40.4	11.2	12.9	315	350
チュラーレ	38.0	43.3	42.0	12.1	12.7	346	365
カーン	27.3	219.4	192.7	9.7	9.8	395	422
ベンチュラ	72.1	41.8	26.6	10.4	13.6	270	296
リバーサイド	47.0	36.5	23.7	8.9	9.2	423	408
サンディエゴ	29.5	8.5	9.5	12.9	11.4	312	280

注：オレンジの収量と価格の 1987 年は 1986〜88 年の平均で，2012 年は 2011〜13 年の平均で示している。
資料：Census of Agriculture，Crop Report

エーカー以上の郡について示したものである。これによると州南部で広く行われているが，その中心はセントラルバレーの南半部のサンワキンバレーで，2012 年にはフレズノ・チュラーレ・カーンの3郡（以下，サンワキンバレー地域）だけで CA の柑橘栽培全体の 80％近くを占めている。また，栽培品種は需要の伸びているネーブルと特産柑橘が大半で，CA 全体と同じ傾向にある。一方，ロサンゼルス周辺の南カリフォルニア地域でも，ベンチュラ・リバーサイド・サンディエゴの3郡（以下，南 CA 地域）では比較的栽培が盛んだが，オレンジの栽培面積は 30％程度と少なく，品種はほとんどがバレンシアである。ベンチュラ郡ではレモン，リバーサイド郡ではグレープフルーツの栽培も目立っており，全般的に品種構成は多様で，サンワキンバレー地域とは異なる経営が行われているといえる。

　また，これら2地域ではオレンジ栽培でも経営上の差異が大きい。**第5-2 表**はこれを示したものだが，1農場当たりの経営規模はカーン郡を筆頭にサンワキンバレー地域の方が格段に大きい。また，1エーカー当たりの収量はネーブルでは南 CA 地域の方が若干多いが，バレンシアではサンワキンバレー地域の方がかなり多い。1トン当たりの価格では，ネーブル・バレンシアを問わず

サンワキンバレー地域の方が2倍近くも高い。総じて，サンワキンバレー地域の方が生産性の高い企業的な農業が展開しているといえる。

　では，このような地域差はいつ頃から目立ってきたのか。CA でのオレンジ栽培は，歴史的には南 CA 地域からサンワキンバレー地域へと拡大する形で発展してきたが（Etaferahu, 1993），**第5-4 図**によると 1987 年時点では両地域でそれほど大きな差はみられない。すなわち，チュラーレ郡はこの時期から突出した地位にあったものの，2 位・3 位は南 CA 地域のベンチュラ郡・リバーサイド郡であり，サンワキンバレー地域が占める栽培面積は 55％に過ぎない。また，南 CA 地域ではベンチュラ郡ではレモン，リバーサイド郡ではグレープフルーツが最大品目であるが，バレンシアを中心にオレンジの栽培面積率は45％もある。さらに，リバーサイド郡に隣接するオレンジ郡・サンバナーディノ郡でも 1987 年には 6,000 エーカー程度の栽培面積があったことを踏まえると，サンワキンバレー地域が柑橘産地として圧倒的な地位を確立したのは，日本のオレンジ輸入が急増し始める 1980 年代末以降であることがわかる。一方，**第5-2 表**で 1987 年時点の両地域のオレンジ農業の経営面（経営規模・収量・価格）を比較すると 2012 年ほどの差はなく，南 CA 地域のオレンジ栽培の衰退も 1980 年代末以降に進んだといえよう。また，サンワキンバレー地域では果樹全体に占める柑橘類の栽培面積率も同時期に高まっており，その成長の大きさがうかがえる。

3．パッキングハウス企業の立地移動と日本市場への適応

　以上のような柑橘産地の地域的盛衰は，柑橘類の生産・集荷・販売母体であるパッキングハウス企業（以下では PH と略す）の立地展開にも影響を及ぼした。**第5-5 図**は，1992 年と 2005 年の PH の分布を示したものだが，全体的にはサンワキンバレー地域への立地が増加しており，南 CA 地域ではロサンゼルス大都市圏の拡大の影響を受けたオレンジ郡やリバーサイド郡西端，サンバナーディノ郡南西端で減少が著しいことがわかる。

　また，この間に PH の経営も両地域で異なる方向に変化した。**第5-3 表**は，オレンジの栽培面積が減少に転じた 1990 年代末以降の PH の取扱品種の変化を地域別に示したものだが，サンワキンバレー地域では全体として特産柑橘を

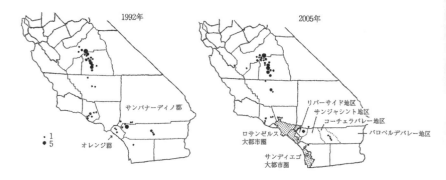

第5-5図 CAにおける柑橘パッキングハウス企業の分布変化

資料：California Citrus Mutual "Packinghouse Directory", CALIFORNIA GROWERS誌

取り扱う PH の割合が高まった以外に大きな変化はない。しかし，南 CA 地域ではオレンジとグレープフルーツを取り扱う PH の割合が低下する一方でレモンと特産柑橘を取り扱う PH の割合が高まっている。また，PH の数も 25 から 15 へと大きく減少しており，南 CA 地域では主としてオレンジやグレープフルーツを取り扱っていた PH の廃業が進んだと考えられる。

　さらに，PH 数の地域的な増減は PH 間の提携組織の再編も伴っていた。**第5-3表**によると，1998 年にはサンキスト以外にもサンワールドとドール，およびサンワキンバレー地域の PH からなる CCGOC（中央カリフォルニアオレンジ生産者協同組合）の4つの提携組織があり，独立系 PH は 30% 余りしかなかった。しかし，2005 年には比較的南 CA 地域に加盟 PH が多かったサンワールドとドールの提携組織が消滅する一方で CCOGC の地位が高まっている。また，サンワキンバレー地域ではサンキスト加盟の PH の割合が低下する一方で，独立系 PH の割合が半分近くにまで上昇している。これは，2000 年代にサンワキンバレー地域で創業した PH が，あまりサンキストに加盟していないことを意味しているが，その背景には当地域では需要が伸びているネーブルの栽培率が高く，かつ PH もチュラーレ郡のロブー社やサントリート社，カーン郡のサンパシフィック社やパラマウント社など大規模なものが多く，輸出能力が高いことがある（California Citrus Mutual での聞き取りによる）。一方，南 CA 地域におけるサンキスト加盟率は 56% から 60% へとむしろ高まっている[79]。

第 5-3 表　CA における柑橘パッキングハウス企業の取扱品種と提携グループの地域的変遷

a. 品種別の取扱率（%）

	1998 年					2005 年				
	オレンジ	グレープ フルーツ	レモン	特産柑橘	PH 数	オレンジ	グレープ フルーツ	レモン	特産柑橘	PH 数
フレズノ	93.8	18.8	31.3	62.5	16	100.0	11.1	33.3	66.7	18
チュラーレ	90.7	23.3	23.3	65.1	43	89.2	21.6	16.2	78.4	37
カーン	100.0	50.0	0.0	100.0	4	100.0	66.7	33.3	66.7	6
サンワキンバレー	92.1	23.8	23.8	66.7	63	93.4	23.0	23.0	73.8	61
ベンチュラ	44.4	33.3	66.7	0.0	9	33.3	16.7	83.3	33.3	6
リバーサイド	92.9	92.9	42.9	78.6	14	100.0	75.0	50.0	87.5	8
サンディエゴ	100.0	100.0	50.0	100.0	2	100.0	100.0	100.0	100.0	1
南 CA	76.0	72.0	52.0	52.0	25	73.3	53.3	66.7	66.7	15

b. パッキングハウス企業が所属する提携組織の割合（%）

	1998 年						2005 年			
	サンキスト	サン ワールド	ドール	CCOGC	独立系	PH 数	サンキスト	CCOGC	独立系	PH 数
フレズノ	37.5	0.0	6.3	0.0	56.3	16	33.3	16.7	50.0	18
チュラーレ	53.5	0.0	4.7	14.0	27.9	43	48.6	10.8	40.5	37
カーン	50.0	25.0	0.0	0.0	25.0	4	16.7	0.0	83.3	6
サンワキンバレー	49.2	1.6	4.8	9.5	34.9	63	41.0	11.5	47.5	61
ベンチュラ	88.9	0.0	11.1	0.0	0.0	9	83.3	0.0	16.7	6
リバーサイド	42.9	14.3	0.0	0.0	42.9	14	50.0	0.0	50.0	8
サンディエゴ	0.0	0.0	0.0	0.0	100.0	2	0.0	0.0	100.0	1
南 CA	56.0	8.0	4.0	0.0	32.0	25	60.0	0.0	40.0	15

資料：California Citrus Mutual "Packinghouse Directory"，（財）中央果実基金（1998）

これは，南 CA 地域はサンキスト社の発祥地であり，当地域で栽培が盛んなバレンシアとレモンの販促につながるイベントの企画や協賛活動，フードサービス産業との提携や新たな加工品の開発などで重要な役割を果たしているからである。

　では，自由化を機に日系企業は CA の PH に直接投資を行ったのか。この点については，筆者が日本・CA 双方の商社等に対して行った調査では確認することができなかった。しかし，サンワキンバレー地域では日系企業数社が出資して農場を買収し，対日輸出を念頭に置いた経営が一時期，行われていた。そこでは，出荷時期の工夫や食味の良さ，熟度の均一性などで日本市場の嗜好に合う栽培が行われ，プレミアム価格での販売も実現していた。しかし，1990年代後半から日本市場の購買力が量的にも価格的にも弱くなり当初の目的が薄れたため，当該農場は 10 年ほどで転売されたという。したがって，現在は CA に子会社や現地法人のある商社や量販店から社員を産地視察に派遣するこ

とはあっても，柑橘類の生産・集出荷に直接的に関与している日系企業はないものと考えられる。

　もっとも，直接投資はなくとも売買交渉を通じて日本市場の嗜好は現地に伝わり，次第に品質管理や商品づくりの面で変化を生ぜしめた。具体的には，自由化当初の1990年代前半は大玉で外観の優れた果実が求められたが，果皮の細かい傷も日本への2週間の海上輸送中の腐敗につながるため，そのリスクを下げるためにカラーグレーダー付きの選果機が導入されるようになった。また，ネーブルの需要が高まる中で糖度への関心も高まり，独自のラベルで小売販売できるよう別ロットで購入を希望するオーダーもあったという。そして，糖度を品質基準として重視する傾向はその後も強まったため，2000年代に入るとサンワキンバレー地域の大規模PHでは，日本市場向けの商品づくりのために糖度センサー付きの選果機を導入しはじめ，現在はCA全体に普及している。

　このように，自由化後はネーブルの主産地であるサンワキンバレー地域を中心に日本市場の嗜好に沿う果実の生産・流通体制が構築されるようになったが，CAの海外市場の中での日本のシェアは低下し続け，現在は10％余りに過ぎなくなった。しかし，高品質果実を求める動きは韓国でも米国内でも存在し，それに応えて需要を拡大するためにCAでは2010年代には糖度と酸度の構成比が優れた果実を "The California Standard for Navel Oranges" として認証するようになった。その意味では，糖度を機械で計測することで品質保証するという日本市場向けの対応は現在でも遺産として引き継がれているといえよう。では，バレンシア栽培を中心としていた南CA地域は日本市場とどのような関係にあったのか。以下では，1990年代以降の柑橘栽培の衰退と絡めて検討する。

Ⅳ．南カリフォルニア地域における柑橘栽培の衰退と 日本の輸入動向との関係

1．南CA地域における柑橘栽培の衰退要因

　1990年代に入って南CA地域で柑橘栽培の衰退が加速した要因として，一般に以下の3点が指摘されている。1つめは，サンワキンバレー地域との営農

環境の差異である。南CA地域の3郡は，ロサンゼルスもしくはサンディエゴの大都市圏に位置し都市化の波に晒されているため（**第5-5図**），農地は開発されるより都市的土地利用に転用される傾向にある[80]。また，農地や農業用水はサンワキンバレー地域よりも高価格なため生産費は高くなり[81]，規模拡大など積極的な農業経営を行うには不利な条件にある。

　2つめは，自然条件の差異である。両地域は中心都市間で300km程度しか離れていないが，気候条件には無視し得ない差がある。すなわち，内陸盆地に位置するサンワキンバレー地域では気温の年較差が20℃（フレズノ市）もある一方で，南CA地域では7℃（ロサンゼルス市）しかなく年中温暖なのである（（財）中央果実基金，1998）。このため，サンワキンバレー地域の方が全般的に熟期が早く，かつ糖度の高い果実ができる条件にある。また，バレンシアはネーブルより温暖な気候に適しているため，これまで相対的に南CA地域で盛んに栽培されてきた経緯がある（Etaferahu，1993）。さらに，内陸性気候のサンワキンバレー地域では寒波による被害は受けやすいものの，強風による被害は少ないため外観的に優れた果実を作りやすい環境にある。したがって，ネーブルの需要増と生果として食す習慣の定着は，南CA地域の柑橘栽培に不利に働いているといえる。

　3つめは，農場経営者の性格の差異である。**第5-2表**に示したように柑橘類の農場規模はサンワキンバレー地域の方が大きいが，これはカーン郡を中心に大企業による経営が相対的に多いからで，南CA地域には地主が経営者を雇って農場の経営を委託しているケースも多い。これらの地主は一般に高齢化しており，農地は資産的に保有し徐々に切り売りする傾向があるという[82]。そのため，老木を改植したりネーブルへ転換する動きは弱く[83]，それが主力のバレンシアの低収量・低価格・果実の小玉化に繋がっていると考えられる。

　したがって，近年のCAのオレンジ栽培をめぐる環境は，自然条件・社会条件の両面から南CA地域に不利に働いており，1990年代以降の両地域の盛衰は構造的な側面を有しているといえよう。

2．自由化後の日本市場の変化と南CA地域への影響

　第5-1図に示したように，日本は1980年代後半から1990年代前半にかけ

て米国産オレンジの2大海外市場の1つであったが，その輸出量は1990年代後半になると急速に減少した。また，購入価格も自由化を機に低下しはじめ，1990年代後半には他国と差のないレベルに落ち込むなど，輸出先としての地位は大きく低下している。そこで，このような変化のCA産地への影響を検討するために，1980年代後半から1990年代前半までの動きを，自由化実施による環境変化と絡めて検討する。

　まず，栽培面積については**第5-3図**に示したように1980年代後半には大きく増加し，それは特にサンワキンバレー地域で著しかった（**第5-4図**）。また，衰退傾向にあった南CA地域でも1992年までは栽培面積はほぼ維持されていたことから（Etaferahu, 1993），この時期の日本の輸入拡大はCA全体にプラスに働いたといえる。では，価格についてはどうか。**第5-6図**は，日本の自由化実施の直前と直後の時期におけるオレンジ価格の変化を月別・品種別に示したものである。これによると，自由化前の1987年11月〜1990年10月の3ヶ年（収穫年）平均では全体的にバレンシアの方がネーブルより高値であったことがわかる。また，月別の価格変動については，ネーブルでは出荷期の序盤と終盤にあたる11月と5月にピークが形成されており，バレンシアでは出荷期の中盤にさしかかる5月・6月にピークを迎え，その後は徐々に低下していく傾向がみられる。しかし，自由化後の1991年11月〜1994年10月の3ヶ年平均ではネーブルの上昇とバレンシアの低下によって両者の価格差はほとんどなくなっている。また，価格のピークについても，バレンシアでは出荷期終盤の9月・10月が高値の時期になる一方で5月・6月はむしろ安値の時期になるなど，大きな変化がみられる。これは，自由化による日本市場の変化，すなわち購入価格の低下と輸入品種のネーブル化にともなう輸入時期の早期化（6月ピークから3月・4月ピークへの変化）の影響によるものと考えられる（川久保, 2006）。したがって，自由化を挟む1980年代後半から1990年代前半にかけての日本市場の量的・質的な変化はCAのオレンジ相場に少なからず影響を及ぼし，それは主にバレンシアにマイナスに働いたといえる。

　それでは，日本向けのバレンシアは主にCAのどこで栽培されていたのか。**第5-7図**はこれを大まかに示したものだが，日本の自由化前の1990年まではサンワキンバレー地域と南CA地域の対日輸出量には大差がなかったことがわ

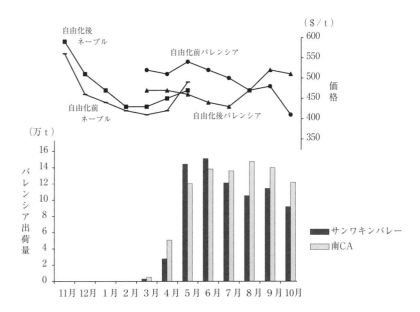

第5-6図　自由化前後におけるオレンジの月別価格の変化とバレンシアの流通時期

注：価格の自由化前は1987〜90年，自由化後は1991〜94年の平均値である。
　　バレンシアの出荷量は1987〜89年の平均値である。
資料：Agricultural Prices Summary, Valencia Orange Administrative Committee,
　　　"Annual Report"

かる。しかし，自由化後はサンワキンバレー地域から日本への輸出が圧倒的に
なっている。このような変化の要因としては，オレンジの輸入時期を数量的に
も関税的にも夏期に誘導していた規制[84]が自由化によって撤廃され，南CA
地域の優位性が低下したことが関係している。**第5-6図**に示したように，南
CA地域のバレンシアは5〜10月にかけて長期にわたって出荷されているの
に対し，サンワキンバレー地域では5月・6月に最盛期を迎えた後は大きく減
少している。つまり，夏期の輸出には南CA地域の方が適していたのである。
また，気候条件の面でサンワキンバレー地域のバレンシアは6月下旬には果実
が樹上でリグリーン（果皮のオレンジ色が部分的に緑色に戻る）を起こすので，
外観的に日本への輸出には適さないし，加えて当時の日本の輸入業者は家族経
営的な南CA地域のオレンジを好んだという（California Citrus Mutual での
聞き取りによる）。同様のことはバレンシアを好む香港市場にも当てはまった

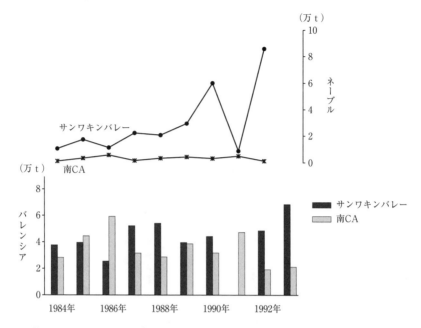

第5-7図 CA産オレンジの品種別・地区別の対日輸出量の推移

資料：Navel & Valencia Orange Administrative Committee, "Annual Report"

ため[85]，日本の自由化前の輸出環境は全体として南 CA 地域の方が有利であっ
たといえよう。もっとも，当時の日本市場は贈答品にもなりうる高品質な果
実のみを購入する特殊な市場であったことから，南 CA 地域で加工向け出荷割
合が高まり，高品質果実が不足した 1987 年や 1988 年には（Valencia Orange
Administrative Committee 資料より），対日輸出量はサンワキンバレー地域の
方がかなり多くなっている（**第 5-7 図**）。

　一方，ネーブルについては以前よりサンワキンバレー地域の方が日本への輸
出が多かったが，自由化後はこの傾向に一層拍車がかかっている（**第 5-7 図**）。
これは，ネーブルの生産量が圧倒的にサンワキンバレー地域で多かったことに
加えて，外観も優れていたことによる。また，日本へのオレンジ全体の輸出量
は 1990 年代後半以降に大きく減少し，自由化の効果はなくなっているものの，
ネーブルの占める割合は高まっているため，ネーブルの輸出量は減少していな
い。したがって，自由化を境にした日本市場の変化は，バレンシア産地として

第 5-4 表　米国産柑橘類の主要な海外市場と日本の地位　（2010〜12 年平均）

グレープフルーツ			レモン			特産柑橘		
上位国	輸出量 （t）	価格 （$／t）	上位国	輸出量 （t）	価格 （$／t）	上位国	輸出量 （t）	価格 （$／t）
①日本	112,101	845	①カナダ	46,294	1,262	①カナダ	23,095	1,577
②カナダ	43,504	628	②日本	34,510	1,410	②日本	13,643	2,715
③フランス	21,585	813	③韓国	6,731	1,550	③韓国	7,988	1,143
④オランダ	14,787	810	④豪州	5,176	1,515	④オランダ	3,052	1,239
⑤韓国	11,810	719	⑤中国	4,915	912	⑤豪州	1,977	1,610
CA のシェア：	9.0%		CA のシェア：	80.9%		CA のシェア：	99.7%	

注：CA のシェアは 2009 年の実績である。
資料：JETRO「米国貿易統計データベース」，（社）日本青果物輸入安全推進協会『輸入青果物統計資料』

の南 CA 地域のみにマイナスに働いたといえる。

　では，オレンジ以外の柑橘類の輸出先としての日本市場の地位はどのような
ものなのか。**第 5-4 表**は，グレープフルーツ・レモン・特産柑橘の輸出先に
おける日本の地位を示したものである。これによると，グレープフルーツは他
国を大きく引き離して第 1 位，レモンと特産柑橘[86]はカナダに次いで第 2 位
である。また，価格もグレープフルーツと特産柑橘では第 1 位であり，オレン
ジ以外でも極めて重要な輸出先であることがわかる。

　しかし，対日輸出されるグレープフルーツの 90％以上はフロリダ産で占め
られており，特産柑橘はほぼ 100％が CA 産であるものの，量的にはオレンジ
の 7 分の 1 程度と少なく，CA にもたらされる恩恵はそれほど大きくない。そ
の意味では，現在の CA 産の柑橘類で日本市場への依存度が最も高いのは，対
日輸出シェアで 80％以上を維持しているレモンであるといえる。また，レモ
ンは内外価格差（輸出価格と国内価格との差額）が他の柑橘類より大きく[87]，
経営上，輸出の意義が大きい品種といえる。

　したがって，CA の柑橘産地にとって自由化後 20 年を経た日本は，ネーブ
ルとレモンの市場として非常に重要であり，その恩恵はネーブルではサンワキ
ンバレー地域，レモンでは南 CA 地域にもたらされているといえる。

3．南CA地域の柑橘産地の再編方向

　1990 年代に入って衰退傾向を強めた南 CA 地域の柑橘産地は，今後どのよ
うに再編されていくのだろうか。ここでは，オレンジ以外の柑橘類や柑橘類以

第5-5表　南 CA 地域における果実類の品種別栽培動向の地域差

		ベンチュラ郡		サンディエゴ郡		リバーサイド郡	
		2000年	2012年	2000年	2012年	2000年	2012年
	ネーブル	702	451	1,455	1,122	3,820	1,290
	バレンシア	9,360	3,004	6,790	5,031	6,622	2,133
	グレープフルーツ	186	104	2,800	1,530	7,235	4,532
	レモン	25,503	15,562	3,211	3,477	6,224	5,408
特産柑橘	タンジェロ	–	1,348	900	969	507	224
	タンジェリン	–				1,543	1,652
	タンゴール	–	.	.	.	500	130
	他の柑橘	–	.	765	471	96	41
	柑橘類合計	35,751	20,469	15,921	12,600	26,547	15,410
	アボカド	15,760	19,284	25,997	22,419	6,863	6,310
	ブドウ	.	.	175	752	12,818	10,279
	イチゴ	7,591	11,419	670	360	10	430
	メロン	.	.	.	120	8,662	3,964
	他の果実	660	4,516	1,555	2,122	698	613
	非柑橘果実合計	24,011	35,219	28,397	25,773	29,051	21,596

資料：Crop Report

外の果実の栽培動向も視野に入れながら検討する。

　第5-5表は，2000〜2012年にかけての南 CA 地域の果実類の栽培動向を郡別に示したものである。これによると，柑橘栽培は全体的には衰退傾向にあることが再確認でき，代わってアボカド・イチゴの比重が高まっていることがわかる。この動きが最も顕著なのはベンチュラ郡で，基幹作物のレモンが大きく減少してアボカドとイチゴが急増した結果，2012年には非柑橘果実が柑橘類の栽培面積を上回っている。一方，サンディエゴ郡とリバーサイド郡はアボカドやブドウの比重が高まっているが，バレンシアやレモンの栽培もそれほど大きく減少しておらず，タンジェリン類を中心に特産柑橘は若干増加している。また，リバーサイド郡は西端部がロサンゼルス大都市圏に含まれる一方で，東部はアリゾナ州に続く砂漠の一部になっており（**第5-5図**），自然的・社会的な多様性が大きい。このため，都市化の影響を受けていないサンジャシント地区やコーチェラバレー地区ではグレープフルーツ[88]やレモンの栽培が維持されており，タンジェリン類の増加[89]も見込まれる。

　このように，南 CA 地域では全体的に非柑橘果実との複合経営の方向に進んでいるといえるが，なぜ2000年代に入って需要が急拡大している特産柑橘の栽培が伸びないのか。これには，南 CA 地域の自然条件が関わっている。**第**

第5-6表　CA における特産柑橘の品種別栽培面積の推移

		1990年	1998年	2005年	2012年
タンジェロ	ミネオラ	3,496	4,093	5,378	5,650
	オーランド	533		63	
	その他	38	268	55	233
タンジェリン	フェアチャイルド	1,977	1,909	1,220	1,037
	サツマ	1,077	2,122	2,821	2,086
	クレメンタイン	93		7,981	10,668
	Wマーコット			5,147	9,760
	ゴールドナゲット			308	749
	タンゴ				5,780
	その他	306	1,397	881	6,778
タンゴール	ロイヤルマンダリン	345		152	157
	テンプル	376			
	その他		306	31	24
ポメロ	オロブロンコ		2,736	916	595
	チャンドラー		531	748	705
	その他		525	379	235

資料: California Fruit & Nut Acreage, California Citrus Acreage Report

5-6表に示したように，近年 CA で栽培が急増しているのはタンジェリン類のクレメンタイン・W マーコット・タンゴであるが，これらは品種的にみかんに近く，気候的に気温の年較差が大きいサンワキンバレー地域の方が適している。南 CA 地域に適しているのは，タンジェリン類ではフェアチャイルド，ポメロ類ではオロブロンコで，いずれも果皮が厚く高温を好む品種であるが，近年は衰退傾向にある。このため，特産柑橘の伸びが著しいのはサンワキンバレー地域である（**第5-4図**）。中でもカーン郡での伸びが著しいが，これは柑橘類の栽培史が比較的浅く，特にバレンシアの栽培が行われてこなかったことが関係している。なぜなら，クレメンタインや W マーコットはバレンシアのような種子の多い柑橘類の園地近くに栽培するとミツバチが介在して種有り品種に変異してしまうからである（Kallsen, 2003）。

　では，南 CA 地域の柑橘栽培の維持にはどのような産地再編が有効だろうか。地域的特性を踏まえれば，以下の4点が指摘できる。1つめは，競争力のある品種に特化した栽培である。具体的には，ベンチュラ郡ではレモン[90]，リバーサイド郡のサンジャシント地区やコーチェラバレー地区ではレモンやグレープフルーツの栽培に力点を置くのである。リバーサイド地区のような都市化の前線地帯で栽培を継続するのは困難だが，それ以外の地区では特産柑橘を含めて

高値販売が期待できる品種に転作することで採算は向上し，栽培も維持できる可能性がある。

2 つめは，バレンシアの販売促進である。バレンシアの市場環境の悪化は構造的だが，サンディエゴ郡やリバーサイド郡の一部では栽培が比較的維持されており，販売促進は継続すべきである。この点について南 CA 地域に地盤を置くサンキスト社では，ドラッグストア・コンビニでの販売，学校や病院での給食用販売など食品スーパー以外での販売に力を入れているし，シェフとタイアップしての柑橘類を使ったメニューの開発，フレッシュカット製品の提供などで需要の拡大にも取り組んでおり，大きな役割を果たしている。

3 つめは，海外市場のさらなる開拓である。米国は，1991 年の日本の自由化に続いて，1995 年には韓国，2000 年には中国でも自由化を実現し，その度に輸出量の大幅増加を達成してきた。自由化当初の輸入国側はサンキストブランドを高く評価する傾向があることから（CA の柑橘輸出業者での聞き取りによる），今後もインドやインドネシアなどの人口大国の自由化を促す政治的キャンペーンの継続が必要である。また，オレンジに偏った輸入構造を持つ韓国や香港でのレモン消費の拡大運動も重要だろう。

4 つめは，非柑橘類への転作とサンキストブランドの活用である。サンキスト社は，2004 年に柑橘類以外の果実として初めてイチゴにサンキストブランドを使用し販促上の効果をあげた（Sunkist Annual Report より）。イチゴはベンチュラ郡を中心に南 CA 地域で急成長している果実であり，アボカドでも同様の販促を行えば，柑橘類との複合経営をしている生産者に好影響を及ぼすだろう。

いずれにしても，南 CA 地域の柑橘産地は都市化の進展という意味では抗し難い環境にあるため，相対的に衰退していくことは否めない。しかし，南 CA 地域はサンワキンバレー地域とは異なり寒波の被害をほとんど受けることがないため，南 CA 地域の柑橘産地の維持は CA 全体の柑橘生産の安定や多様性を保つという意味では意義深いといえる。

V. 小括

　日本のオレンジ生果・果汁の輸入自由化は，世界有数のオレンジ生産国の1つである米国の柑橘産業に大きな影響を及ぼした。本章では，より影響の大きかったオレンジ生果の自由化が，その最大の供給地（90％以上のシェア）であったCAの柑橘産地にもたらした変化について検討した。CAの柑橘農業は輸出指向が強く，自然・社会的に地域的多様性に富んでいる。このため，日本の自由化による輸出増と非関税障壁の撤廃の影響は様々な形で現れた。

　第5-7表はその概要を示したものだが，まず1980年代後半からの10年間は，日本が輸入割当拡大と自由化の実施を経て輸入量を急増させた時期であり，日本はカナダと並ぶ2大海外市場の1つになった。これは，減産基調にあったCAのオレンジ農業を輸出主導で回復させる上で大きく貢献したが，日本では自由化後は夏期の輸入を促していた規制が撤廃されたこともあり，バレンシアの輸出はむしろ減少してしまった。米国内でも1990年代以降は健康志向を背景にネーブルを生果で食す習慣が広がり始めたため，バレンシア需要は停滞し価格は下落するようになった。このため，CAではネーブルの増産が目立つようになったが，その舞台は新興産地であるサンワキンバレー地域であり，広大な農地を有する大規模な経営体や独立系のPHが成長すると同時に，対日輸出

第5-7表　日本のオレンジ輸入自由化とCAの柑橘産地の変化

	輸出環境（日本市場の地位）	柑橘生産の動向		産地の地域的盛衰	
		オレンジ	他の柑橘	サンワキンバレー	南CA
1980年代後半〜1990年代半ば	対日輸出の急増とネーブル化。カナダと並ぶ2大市場に成長。減産・不況からの脱却に貢献。	ネーブルの増産（国内市場の拡大）　バレンシアの停滞（価格の下落）	安定して推移	ネーブル中心で成長　大規模PHの成長	バレンシアも減産　都市化で農地の減少　柑橘栽培の衰退
2000年代	対日輸出の減少・低価格化。韓国・中国など新市場の開拓。相場も好調で採算は高水準。	ネーブルの増産（海外市場の拡大）　バレンシアの減少（輸入ネーブルとの競合）	グレープフルーツの減産（フロリダとの競争激化）　特産柑橘の急成長（国内市場の拡大）	特産柑橘も成長　柑橘類の比重増大	オレンジの比重低下　レモンの比重増大　PHの減少　他の果実の成長

資料：現地調査をもとに筆者が作成

の大部分を担うようになった。一方，伝統的な産地である南CA地域では気候的にネーブル栽培に適したエリアが少なく，バレンシアの栽培も次第に減少するようになった。また，ロサンゼルス大都市圏の拡大などで農地の転用も進み，柑橘農業全体が衰退しはじめた。

　その後，1990年代後半は日本の輸入減の影響もあり輸出量は停滞したが，2000年代に入って再び増加しはじめる。これは，韓国・中国などの新市場の開拓によるもので，中でも韓国市場では価格も次第に日本向けを上回るようになり，米国のオレンジ輸出は2010年代には史上最大の輸出量・輸出額に達した。これを受けてCAでは2000年以降もネーブルの生産は増加したが，バレンシアは輸入ネーブルとの競合もあり大きく減少したため，オレンジ全体の生産量は停滞・減少傾向に転じた（**第5-3図**）。また，グレープフルーツの生産もフロリダ産との競争激化で衰退傾向を強めたが，国内需要が急拡大したタンジェリン類を中心とする特産柑橘の生産増により，柑橘類全体では栽培面積は維持されている。しかし，特産柑橘の栽培においても好条件なのはサンワキンバレー地域であり，2000年以降も南CA地域ではオレンジとグレープフルーツを中心に柑橘栽培は衰退し続け（**第5-4図**），集荷・販売面で大きな役割を果たすPHの廃業も相次いでいる。その結果，南CA地域ではオレンジよりレモンの比重が高まり，またアボカド・イチゴなど他の果実類の栽培が増加したことによって，従来のオレンジを中心とした柑橘産地ではなくなった。

　以上のように，日本の自由化後のCAでは輸出主導で生産の回復・拡大がみられたが，南CA地域ではそれが長期的にはプラスに働かなかった。南CA地域の衰退には，気候条件や小規模家族経営，都市化の影響などサンワキンバレー地域とは異なる営農環境が強く関わっており構造的な側面があるが，日本の自由化の影響も少なからずある。それは，南CA地域で生産の多かったバレンシアの輸入量が減少し，それが米国内での相場の低下にもつながったことである（**第5-6図**）。つまり自由化は，1980年代後半以降の厳しいバレンシア市況を「特殊な貿易ルールの下で支えてきた日本市場」の役割を失わせてしまったのである。これは，対日バレンシア輸出の多かった南CA地域の特権的な優位性の喪失を意味し，自由化はむしろマイナスの影響をもたらしたといえる。南CA地域に地盤を置くサンキスト社が自由化に反対していた所以でもある。ま

た，2000年代以降はグレープフルーツの輸入もフロリダ産にシフトし，輸入量の増加している特産柑橘もサンワキンバレー産が大半であることから，もはや南CA地域にとって日本市場はレモンの販売先としての位置づけでしかなくなったといえる。

　日本がオレンジ輸入を自由化してから20年以上が経過したが，輸入量は自由化前の期待を裏切る形で数年後には減少に転じ，現在は韓国・カナダ・香港に次ぐ地位にまで低下している。また，他の柑橘類の輸入も減少しており，日本市場の及ぼす影響力は自由化以前とは比べものにならないほど小さなものとなった。しかし，ネーブルと特産柑橘の輸入は現在でも高水準で推移しており，主要産地であるサンワキンバレー地域では，対日輸出を前提として構築された高品質で規格の統一された果実の生産・流通体制は，その後も多様化する国内外の市場への販売促進に活かされている。一方，対日輸出が激減した南CA地域では柑橘栽培が減少し続けているが，生産・販売面で構造的な問題を抱えているため，今後も産地の縮小は継続すると考えられる。もっとも，南CA地域にも優位性は残されている。その1つは寒波に強いことである。サンワキンバレーでは1990年代以降に大きな寒波の襲来を3度受けて減産を強いられ，それは輸出量の激減となって現れた（**第5-1図**）。南CA地域での柑橘生産の維持はそのような不安定要素の緩和になるだろう。もう1つは，サンワキンバレー地域での栽培に必ずしも適さない品種の存在である。バレンシアやグレープフルーツ，レモンは年中温暖もしくは砂漠的な気候を有する南CA地域に適しており，CA全体として多様な柑橘類を周年供給するという意味では極めて意義深く，産地維持に向けた取り組みに期待がかかる。

第6章

対日米輸出の開始と米国カリフォルニア州の稲作の再生

I．はじめに

　本章では，日本の GATT 合意にともなう米市場の開放が相手国の米産地に及ぼした影響を，米国カリフォルニア州を事例に検討する。米国の米の生産量は世界全体の2％にも満たないが，輸出量ではインド・タイ・ベトナム・パキスタンに次いで多く，そのシェアは8％にまで高まる（USDA, Grain: World Market and Trade 2015 より）。これは，米を主食とするアジアでは輸出に回せるほど生産量が多くないことと，米国では伝統的に食料は戦略物資として輸出が奨励されてきたからである。しかし，世界的には自給的な性格が強い米の貿易量は長らく低調で，かつ高賃金な米国ではコスト的に輸出競争力が強くなかった。中でもカリフォルニア州は，南部諸州とは異なり世界的に需要のあるインディカ米（長粒米）の栽培に不適な気候条件にあり，海外市場の開拓には苦労していた。このため，ジャポニカ米（短粒米・中粒米）を好む日本市場が1995年以降に MA 制度の下で米輸入を開始した影響は，極めて大きかったと考えられる。

　では，これまで対日輸出に関連して米国産の米はどのような観点から研究されてきたのか。日本では，輸入圧力が高まってきた1980年代末以降，ジャポニカ米の大産地であるカリフォルニア州（以下, CA）への関心が急速に高まり，江川（1990），服部（1991），八木（1992）によってその産地像が明らかにされた。そこでは，主産地であるサクラメントバレーの生産環境として，大規模機械化稲作が行われているものの，気候・土壌条件の面で栽培適地が限られており，かつ冬期の降水が不十分な年には作付制限に陥ること，1980年代後半は市況の悪化で減反が行われてきたが，仮に市場環境が改善しても水利条件を念頭におくと[91]，生産力は史上最高だった1981年の栽培面積61万エーカーが上限

であることが示された。また，販売面では，米国国内市場は健康食ブームやアジア系移民の増加で成長しているものの，主食向けよりシリアル製品や醸造用など加工向けの伸びの方が大きいことや，低価格な東南アジア産インディカ米との競合で安定した海外市場を保持できていないことが明らかにされた。そして，これが日本への市場開放要求に繋がっているとされたが，対日輸出力については国内需要の伸びと生産力の停滞下でそれほど大きなものとはならず，日本市場に合う品種の生産量も限られていることが指摘された（菊川，1992；篠浦，1992）。

　一方，CAではGATTで日本市場の開放が決まれば米業界は久しぶりに活気づくことや，CAには長年の品種開発の成果として品質面で日本市場に適応できる米があること（Roberts, 1994；Gannon, 1994），日本はプレミアム価格で購入するので輸出価格を押し上げて農場収入を高めること（Sumner and Lee, 1996），など長年の外交努力が実ることへの明るい展望が述べられている。ただし，日本市場の開放はCA以外にも輸出機会を与えるため，それらのジャポニカ米産地に負けない品質を維持する必要があることも指摘された（University of California Agricultural Issues Center, 1994）。

　次に，日本の輸入開始後の状況としては，CAでは日本・韓国・台湾への安定したMA米の輸出によって増産に転じ，相場も高値で安定するようになったこと（田牧，2003；佐貫，2005），2008年以降はアジアの米輸出国の凶作や輸出制限で貿易量が激減する中で，米国は高品質で安定供給が可能な産地として東地中海や南米などで新市場を獲得し，輸出環境はさらに好転したことが明らかにされた（Childs and Baldwin, 2010）。また，国内市場でも健康志向による米食ブームが継続する中で高級ジャポニカ米への関心が高まり，短粒米や晩生中粒米がプレミアム米として位置づけられるようになった（小澤ほか，2001；立岩，2002）。しかし，CAではその後，短粒米は栽培管理の難しさや収量の低さからそれほど普及せず，カルローズと称される中粒米の生産が大半を占め続けており（八木，2010），寿司など典型的な日本食に及ばずシリアル製品や冷凍ライスボウルの原料にも用いられるなど（白石，2003），中粒米はジャポニカ米需要の中で確固たる地位を築いている。

　以上のように，CAの稲作や米産業についてはこれまで様々な角度から考察

されており，1980年代の不況から脱する上で日本市場が果たした役割の大きさも指摘されている。また，世界的にジャポニカ米の需要が高まっていることにも関心が寄せられているが，対日輸出との関係で短粒米，中でも日本品種の栽培がどのように展開したのかについての考察は，十分とはいえない。また，対日輸出の開始がCAのどの地域に恩恵をもたらしたのか，産地構造的な面からの分析も欠けている。多様なジャポニカ米がCAのどこでどのように生産され，対日輸出に振り向けられてきたのか。この点を品種的な観点も踏まえて解明するには，産地内の生産・流通構造（気候・土壌条件，栽培品種，輪作・複合経営，流通業者などとその地域差）の分析が不可欠である。

　そこで本章では，GATT合意で始まった日本の米輸入が，米国の米産地にどのような変化をもたらしたのかを，対日輸出の全量を扱ってきたCAを事例に検討する。また，分析に際しては，CAの米生産の地域差に留意すると同時に，短粒米，中でも日本品種の栽培実態について検討する。そして，その潜在的な生産力や将来展望を通じて，長年の懸案である「自由化」問題についても知見を加えることにする。

Ⅱ．米国における米輸出の動向と米産地

1．米輸出の動向と日本市場

　第6-1図は，1990年以降の米国の米輸出の動向を示したものである。これによると，年変動は大きいものの，1990年代初頭の200万トン台前半から2000年代初頭には400万トン台に急増し，その後も300万トン台後半を維持している。戦後のピークが長らく1980年代初頭の300万トンであったことからすると，近年の海外市場の環境は極めて良好といえる。主な輸出先は南北アメリカ・中東および東アジア地域で，オレンジと比較すると多様な国々で構成されているが，2000年代に入って次第に上位国のシェアが高まっている。日本への輸出は1993年の大凶作にともなう緊急輸入以降に本格化したが，MA制度の下で事実上，確約された30万トン余りの輸出量は決して小さなものではなく，今や日本はメキシコ・ハイチに次ぐ輸出相手国になっている。

　価格についても近年は好調に推移しており，2000年代初頭までは1トン当

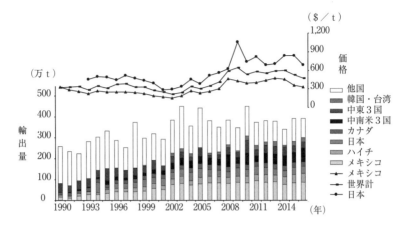

第6-1図　米国の米の相手国別輸出量と価格の推移

注：中東 3 国はトルコ・サウジアラビア・ヨルダンを，中南米 3 国はベネズエラ・コスタ
リカ・ホンジュラスを指す。
資料：JETRO「貿易統計データベース」

たり 300 ドル前後であったのが，2008 年以降は世界的な米不足と貿易量の減
少で急騰し，その後も 500 ドル台を維持している。ただし，相手国による差は
大きく，最大の輸出先であるメキシコは 300 〜 400 ドル台と低い。一方，日本
はカナダと並んで最も高価格で輸入しており，2008 年以降は 600 ドル以上で
推移している。

　したがって，現在の米国の米輸出は量・価格とも史上最高レベルにあり，稲
作の発展に大きく貢献している [92]。また，日本の輸入開始は米国の輸出が低
調な時期に本格化し，一時期，そのシェアは 10 ％を超えるなど，極めて影響
力の大きな海外市場であったといえる。

２．米国の米産地の地域的特徴

　第 6-2 図は米国の主要な米産地の分布を示したものである。これによると，
ミシシッピ川流域およびメキシコ湾岸の南部 5 州と西海岸の CA とにほぼ限定
されており，日本市場が好むジャポニカ米の栽培は CA 以外ではほとんど行わ
れていないことがわかる。最大の産地はミシシッピ川中流のアーカンソー州（以
下，AR）でそのシェアは 50 ％弱，2 位の CA は約 20 ％だが，両州の稲作経営

第6-2図　米国の主要な米生産州と品種別栽培面積（2016年）

注：栽培面積10万エーカー以上の州について示している。CAはカリフォルニア州，TXはテキサス
　　州，MOはミズーリ州，ARはアーカンソー州，MSはミシシッピ州，LAはルイジアナ州を指す。

第6-1表　米国の主要な米生産州における経営の地域差　（2016年）

	収量 （pound/acre）	価格 （＄/cwt）	輸出率 （％）	主要な輸出先
アーカンソー	6,920	9.39	76.4	メキシコ・中南米・中東
カリフォルニア	8,840	14.30	78.2	日本・韓国・台湾・中東
ルイジアナ	6,630	10.20	78.7	メキシコ・中南米・中東
ミシシッピ	7,180	9.55	64.8	メキシコ・中南米・中東
ミズーリ	6,650	9.92	69.7	メキシコ・中南米・中東
テキサス	7,360	10.40	64.9	メキシコ・中南米・中東

注：価格は籾米の農場価格で，輸出率は金額ベースで示している。
　　1 cwt は 100 パウンドである。
資料：Rice Yearbook，Crop Values，State Export Data

には大きな差異がある。**第6-1表**がそれを示したものだが，CA の米の収量
や価格は AR を大きく上回っている。これは，CA で開発された中粒米「カルロー
ズ」の特性によるもので，地代・水利・農作業費などの点で生産コストが全米
で最も高いというハンディを相殺し（Livezey and Foreman, 2004），高収益を
もたらしている。一方，輸出率には大きな差はないが，その相手国は AR が中
南米諸国を中心とするのに対して CA は東アジア諸国が中心になっている。中
でも，日本・韓国・台湾は MA 米として輸出している安定市場であり，かつ

高所得国でもあるため，輸出先としての価値はより大きいといえる。また，他の4州は，ARとほぼ同様の傾向にあるので，CAは米国の米産地の中では特殊な地位にあるといえる。そこで以下では，分析の対象をCAの米産地に限定し，対日輸出の拡大による変化を詳細に検討する。

Ⅲ．1980年代以降のカリフォルニア州の稲作と市場の拡大

1．米の生産動向と品種の盛衰

第6-3図に示したように，CAの米栽培は1980年代の低迷[93]を経て1990年代半ばからは急速に回復し，2000年以降は干ばつで作付制限した2014～2015年を除いて高位安定の状況にある。しかし，栽培面積のピークは2004年の59.5万エーカーで，既存研究で予想された上限（1981年の61万エーカー）は超えていない。これは，その後も新しいダム開発などで灌漑用水の供給量の上限を引き上げることが実現していないことからきている[94]。また，品種に着目すれば，1980年代の低迷期には比較的多様であったが，1990年代半ば以降の回復期には中粒米の比重が圧倒的になった。その後，1990年代末から再び短粒米の比重が10％前後に回復しているが，これは対日輸出と高級ジャ

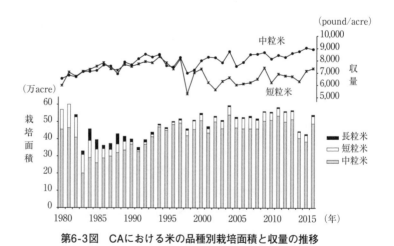

第6-3図　CAにおける米の品種別栽培面積と収量の推移

資料：California Agricultural Statistics, Rice Yearbook

ポニカ米需要に応えたものといえる。収量については 1980 年代には品種間に大きな差はなかったが，1990 年代後半からは高収量品種の開発が相次いだ中粒米の伸びが顕著になり，2010 年代には 1980 年代前半の 1.24 倍に達している。このため，CA の稲作は生産量ベースでは 2000 年以降は概ね 1981 年レベル（40.9億パウンド）を超えるに至った（最高は 2004 年の 50.8 億パウンド）。一方で，短粒米の収量は 1980 年代の 0.96 倍と停滞しているが，これは低収量のプレミアム米の栽培増加が背景にある。

　以上のように，CA では 1990 年代半ばから米生産が回復していく過程で，中粒米の比重が高まるなど栽培品種が大きく変化してきた。そこで，Rice Experiment Station（稲作試験場，以下では RES）の資料をもとに品種の開発史と栽培動向について検討すると（**第6-2表**），中粒米の中でも早生系品種の開発が盛んなことがわかる[95]。現在の品種命名法[96]が採用された 1979 年から 9 回，2000 年以降でも 5 回に渡って新品種が公開（リリース）されており，最も栽培が盛んな品種は 2000 年代初頭までは M202，それ以降は M206 へと移り変わっている。極早生系についても 2011 年に 11 年ぶりに M105 がリリースされ，2010 年代から M104 に代わって最も多く栽培されるようになっている。これらの品種は「カルローズ」と総称され，2016 年には栽培面積で州内の80％近くを占めており，カリフォルニア米を象徴する存在として世界的に知られている。晩生系については 1980 年代以降ほとんどリリースがないが，M401と M402 は光沢のある外観，炊飯後の粘りや風味など食味の良さから寿司用に適したプレミアム品種として定着し，現在 3 〜 4 万エーカー程度の栽培が継続されている。

　一方，短粒米のリリースは 2000 年以降ほとんどなく，栽培面積も減少傾向にある。コシヒカリなど日本品種の栽培は対日輸出が本格化した 1990 年代後半に増加したが，2000 年代に入って伸び悩み，現在は最大でも 8,000 エーカー程度と推測される[97]。また，対日輸出用に開発された Calhikari（S101 とコシヒカリの交配種）は CA ではプレミアム品種に位置づけられるが，日本では外食店等で国産米とブレンドして使用された実績があるが定着したとは言い難く（川久保，2016a），栽培面積も 4,000 エーカー程度で伸び悩んでいる。Calmochi も日本品種の形質を取り入れた糯米だが，2 万エーカー前後にとど

第6-2表 CAにおける主要な米品種の公開年と栽培面積の推移

米のタイプ		品種名	公開年	面積（acre）							
				1988年	1992年	1996年	2000年	2004年	2008年	2012年	2016年
短粒米	極	S101	1988	23,520							
		S102	1996				10,464	7,879	13,300	14,157	14,731
	早生	S201	1980	40,670	11,610	4,920					
		Calhikari 201	1999					3,822		1,900	6,313	1,691
		Calhikari 202	2012							1,888	2,662
	日本	アキタコマチ	−			4,430	10,175	5,404	5,560		
		コシヒカリ	−			1,995	6,205	6,950	11,400		
	糯米	Calmochi 101	1985		8,510	5,130	11,077	19,834	15,200	25,242	14,673
		Calmochi 203	2015								1,943
中粒米	極早生	M101	1979								
		M102	1987	11,760							
		M103	1989		18,580	15,790	11,720	822			
		M104	2000					53,964	19,570	13,443	5,719
		M105	2011							20,114	66,403
	早生	M201	1982	76,440	34,060	47,150	6,917				
		M202	1985	210,210	256,970	323,950	353,879	274,693	123,500	48,671	18,736
		M203	1988								
		M204	1994			59,800	76,320	29,116			
		M205	2000					92,746	116,850	81,751	47,721
		M206	2003					30,036	167,200	261,286	235,023
		M207	2005								
		M208	2006						1,900	12,150	6,840
		M209	2015								27,065
	晩生	M401	1981	30,870	32,120	38,000	33,662	33,133	6,080	32,894	30,106
		M402	1999				9,194	4,628	1,900	4,690	3,386
長粒米	早生	L201	1979								
		L202	1984	70,070	6,970	700					
		L203	1991		10,840	1,975					
		L204	1996				2,093	1,812			
		L205	1999				2,647	86			
		L206	2006						3,990	2,352	1,602
		L207	2016								1,615
	香り米	A201	1996				1,025	1,002	2,470	1,805	1,992
		A202	2014								1,667
		A301	1987				1,449	1,562	1,235	887	
		Calmati 201	1999				1,202	550	409		
		Calmati 202	2006						447	656	638

資料：Rice Experiment Station 資料ほか

まっており，総じて短粒米には，期待されたほど対日輸出開始による増産刺激はもたらされなかったといえる。

　長粒米については早生系のリリースが多いものの栽培面積は7,500エーカー程度しかなく，香り米や有機栽培用の米として位置づけられているに過ぎない。したがって，近年のCAでは世界的にジャポニカ米需要が高まる中で，高収量の中粒米の開発と普及を進めながら，生産を高位安定させているといえる。

2．市場の拡大とその要因

　以上のように，CA では 1990 年代半ばより米生産が急速に回復したが，これは対日輸出の開始を含む国内外の市場の拡大によってもたらされた。まず，海外市場については，CA には世界的に需要のある長粒米が少なかったこともあり，1980 年代までは極めて不安定なものであった[98]。しかし，日本市場はそれを一変させ，緊急輸入ならびに MA 輸入が始まった 1994 年以降，最大の輸出先として定着してきた。統計入手の制約上，**第6-4 図**には 2000 年以降しか示せていないが，そのシェアは長らく過半を占めており，2007 年までは日本と同様に MA 米輸入のある韓国・台湾と合わせた東アジア 3 ヶ国で 70％程度にも達していた。また，2008 年以降は世界的な米不足と貿易量の減少，およびジャポニカ米需要の高まりによって，トルコ・ヨルダン・シリアなど中東地域を中心に市場開拓に成功している。

　このような新たな海外市場の開拓は販売価格にも影響しており，1980 年代には AR の長粒米より低価格だったのが（川久保，2017b），1990 年代半ばには逆転し，1999 年以降は大差がつくようになっている（**第6-4 図**）。このような傾向は中粒米で比較しても同様で，これは AR の中粒米は品質的に主食用

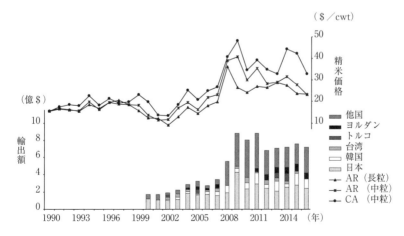

第6-4図　CAの米輸出額とCA・AR における米価格の推移

資料：California Agricultural Resource Directory, Rice Yearbook

には不適なため[99]，東アジアの MA 米市場には輸出されていないことからきている。つまり，CA は長年の品種開発の成果として高価格で安定したジャポニカ米の海外市場をほぼ独占的に掌握しているのであり，その最たるものが日本市場なのである。また，これを背景に 2008 年以降は 1 cwt（100 パウンド）当たり 30 ドル以上という史上最高値圏の相場が継続しており，現在は政府からの補助金がなくとも経営が成り立つ状況にある[100]。

　次に，国内市場については，先述したように米食の習慣が広まり続けており，中でも近年の「日本食ブーム」はジャポニカ米を用いるため，CA 産には大きな追い風となっている。近年，日本食レストランはアジア・欧米諸国を中心に急激に増加しており，これらは高級ジャポニカ米の市場としても注目されている（小沢，2012）。米国でも CA を筆頭にニューヨーク・フロリダ州などで急増しており，2005 ～ 2010 年に 1.53 倍になった（日本貿易振興機構農林水産部，2010）。そこでは，伝統的な日本料理に加えて寿司・カレーライス・丼料理などの店が幅広く展開し，中でも寿司がキラーコンテンツとなっている（齋藤，2015）。ただし，ロサンゼルスのリトル東京や日系スーパーに併設されたフードコートであっても使用しているのはほぼすべて中粒米で，近年増加してきた企業や大学のカフェテリアで使われているのも基本的にカルローズであるという（川久保，2017b）。したがって，現状では「日本食の普及が短粒米の需要を増やす」という図式にはないといえるが，これは店側が高値の短粒米を使いたがらないことと，日本食を食べ慣れた米国人でさえコシヒカリのような粘りのある米を好まないという嗜好性がある（松江，2015）からである[101]。

　また，米は家庭消費でも伸びていると考えられる。筆者が 2016 年に行った CA の大都市部での調査では，小売店の米コーナーには玄米を含む様々なブランドの長・中粒米が並べられ，消費者の関心の高さがうかがえた。電子レンジ等で温めるだけでよい包装米飯や，水と油で炒めればよいインスタントライスも近くに陳列されており，中にはピラフやリゾットなど味付け，もしくは調理済みの商品もあった。惣菜コーナーには寿司などのパッケージ商品が大量にあり，中食としても米料理が普及していることが理解できたが，材料に短粒米は使われていなかった。これは，健康志向や簡便さを追求する購買層が多いことを意味し，米国内での米消費の拡大は多様な購買層によって支えられていると

いえるが，アジア系以外の住民には主食となりえていないともいえよう。

　以上のように，現在のCAの米産業は，1995年の日本から始まった東アジア地域のMA米市場の独占的獲得と日本食ブームに代表されるジャポニカ米需要の高まりの中で，かつてない程の好況下にある。ただし，短粒米の需要は高まっているとはいえず，中でも日本品種は日系人が経営に携わる限られた店舗でしか販売されていないのが現状である[102]。

Ⅳ．カリフォルニア州における稲作の産地構造と対日輸出の影響

1．稲作中心地の概要

　第6-5図に示したように，CAでの稲作は主に州都サクラメントから北方に広がるサクラメントバレー（以下，バレー）で行われており，収量的には北部ほど生産性の高い経営が行われている。その中心地はビュート・グレン・コルーサ・サター・ユバ・ヨロの6郡（以下，主要6郡）で，この地域には人口10万を超える大都市がなく，ほぼ純農村地帯といえる。現在，主要6郡の栽培面積のシェアはCA全体の95％以上を占めているが，1980年代初頭には85％程度であった。したがって，CAの稲作は近年，地域的集中が進んでいるといえる。

　では，主要6郡ではどのような農業が行われているのか。第6-3表は，深刻な干ばつによって米が作付制限される直前の2013年の農地利用の特徴を示したものである。これによると，どの郡でも米が最大の栽培品目だが，米の比重が最も高いのは中部のコルーサ・サター・ユバの3郡である。北部のグレン郡・ビュート郡ではナッツ類の栽培が急増中で，米に匹敵する規模に達している。南部のヨロ郡では米以外の穀物や野菜類，有機農作物の栽培も盛んで，これは州都サクラメントに近く，都市的需要を取り込んだ動きであるといえる。また，主要6郡全体の農地利用を米の栽培面積が史上最高だった1981年と比較すると，米には大きな変化はないが，米以外の穀物ではトウモロコシ以外は激減しており，中でも小麦の減少が際立っている[103]。一方，増加が著しいのはナッツ類で，植物油の採取に用いられるヒマワリやワイン用の葡萄も比較的広範に栽培が拡大している。しかし，農地全体としては1981年の171万エーカー

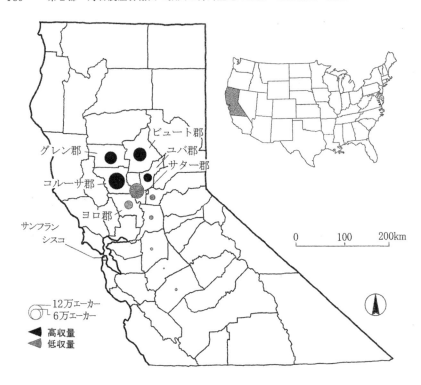

第6-5図　CAにおける郡別の米栽培面積の分布（2013年）

注：高収量とは2010〜2013年の平均収量がCA平均を上回っていることを指す。
資料：California County Agricultural Commissioners' Data

から2013年の154万エーカーへと10%程度減少している。その中心はバレー南部で，この地域にはバレー内では比較的大きな都市が存在するため，都市化の影響を受けたものと考えられる。

　では，このような土地利用は干ばつ年にはどう変貌するのか。第6-3表で，2013年と深刻な干ばつとなった2014年と比較すると，穀物全般で栽培面積が減少しているが，米は20%も減少している。一方，穀物以外は水の利用量が少ないため影響は小さく，ナッツ類では増加基調が継続している。また，加工トマトと野菜類も増加しており，若干は米から転作されたと考えられるが，全体としては微々たるもので，2014年には多くの遊休地が生まれたといえる。

**第6-3表　サクラメントバレーの主要な米栽培郡における農地利用の特徴
　　　　　（2013年）**

(単位：acre)

	グレン	ビュート	コルーサ	サター	ユバ	ヨロ	6郡計 1981年	6郡計 2013年	6郡計 2014年
米	85,253	98,445	148,515	115,949	38,894	38,432	532,830	525,488	416,447
小麦	12,179	4,871	20,633	8,910	–	33,276	316,117	79,869	70,444
トウモロコシ	23,164	–	7,502	12,282	–	19,368	73,169	62,316	37,328
ヒマワリ	5,851	–	8,626	11,558	–	24,491	2,495	50,526	37,439
他の穀物等	17,080	6,932	5,848	14,702	5,523	96,552	235,844	146,637	70,895
アーモンド	38,299	37,512	46,302	6,360	860	17,737	69,686	147,070	159,381
ウォルナッツ	21,672	43,419	14,585	26,033	11,750	14,400	44,792	131,859	142,596
葡萄	1,063	–	2,461	–	–	13,030	2,048	16,554	14,749
プルーン	5,760	8,815	838	17,236	8,696	1,746	44,081	43,091	42,085
他の果樹・ナッツ	11,276	7,182	2,554	9,710	5,637	4,806	32,791	41,165	44,747
加工用トマト	–	–	13,866	8,070	–	34,558	78,780	56,494	65,566
他の野菜	138	–	201	635	–	5,972	8,118	6,946	13,686
有機農産物	–	–	–	–	–	35,456	–	35,456	29,778
種子作物	5,515	6,923	15,313	7,664	–	8,520	89,387	43,935	39,257
牧草類	24,533	16,035	15,660	19,066	11,465	68,508	178,058	155,267	157,055
合計	251,783	230,134	302,904	258,175	82,825	416,852	1,708,196	1,542,673	1,341,453

資料：Crop Report

2．サクラメントバレーの自然条件と栽培品種の地域差

　第6-6図は，バレー内における米栽培の分布を，土壌条件を加味して示したものである。これによると，CA稲作の発祥地とされる重粘土地帯が北部・東部を中心に半分程度を占めていることがわかる。ここでは，排水不良のため水田以外の農地利用は困難で，干ばつ年には遊休地となることが多い。一方，非重粘土地帯はサター・コルーサ・ヨロの3郡に多い。ここでは相場次第で米以外の作物が作られてきた経緯があり（University of California Agricultural Issues Center, 1994），2014～2015年の干ばつ時には野菜等に転作された水田も多かった。

　次に，気候面では南北での差が大きく，それが栽培品種に影響している。**第6-6図**に示したように，バレー内の栽培中心地は，およそ東西70km，南北100kmの範囲に収まるが，サンフランシスコ湾から冷涼風がサクラメント川に沿って北上する影響で，一般に北部ほど温暖で高温期が長い[104]。また，地中海性気候独特の夏期の乾季についても，冷涼風が運ぶ雲がバレー北東端の山脈で遮られて降水をもたらしやすいためバレー西部の方が長い[105]。このた

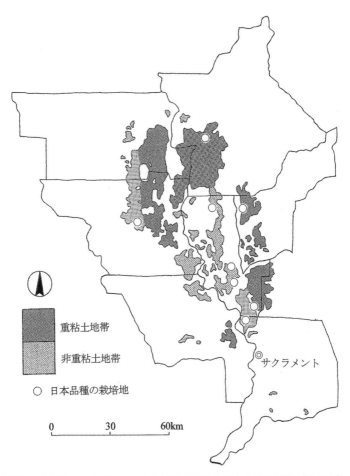

第6-6図　サクラメントバレーにおける米栽培の分布と土壌の特徴（2015年）

資料：University of California Agricultural Issues Center（1994）とCalifornia Rice Commission
（2016）に記載の地図をもとに筆者が作成

　め，高温期が長く夜間の冷え込みもない気候が必要な晩生種，例えばM401や
M402はバレー北部（ビュート郡とサター郡の境界より北）で限定的に栽培さ
れており[106]，早期の播種が望ましい早場米は乾季の早い北西部での栽培が適
している[107]。そして，これらの限定的な米の生産が可能なことが，グレン・
ビュート・コルサ郡の販売価格の高さに繋がっている（**第6-7図**）。

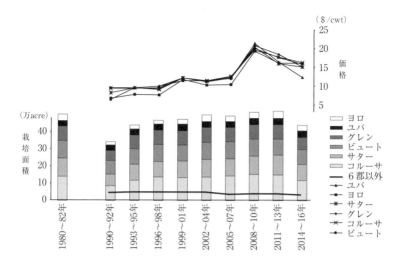

第6-7図　サクラメントバレー主要6郡における米の栽培面積と価格の推移

資料：California County Agricultural Commissioners' Data

第6-4表　CA における主要なジャポニカ米の栽培特性

	収量 (pound /acre)	倒伏度 (%)	穂長 (inch)	不稔病 耐性 （5が最高）	菌核病 耐性 （1が最高）	生育力 （5が最高）	気候適正
コシヒカリ	5,571	98	44.0	2.0	7.7	4.2	寒さで熟期が遅れる
アキタコマチ	6,290	83	39.0	2.0	7.0	3.5	寒さで熟期が遅れる
S102	9,377	19	36.2	4.0	7.1	4.3	全域的に適
Calhikari 201	8,359	40	34.6	3.0	6.0	4.5	寒さで熟期が遅れる
M104	8,725	38	35.9	5.0	5.0	4.5	全域的に適
M105	9,062	–	–	–	4.8	4.2	冷涼地には不適
M205	9,852	16	36.6	4.5	5.4	4.2	冷涼地には不適
M206	9,554	18	37.4	4.5	5.4	4.5	全域的に適
M401	9,241	30	38.7	2.0	5.6	4.3	暖地に最適
M402	9,154	20	38.7	2.0	2.1	4.3	暖地に適

注：収量は Agronomy Progress Report における 2001～2016 年の平均値（M401 のみ 1985～1999 年）で，日本品種
については UCD Rice Handbook にある M202 の収量との対比データをもとに算出した。
資料：UCD　Rice Handbook, UC Davis Agronomy Progress Report

　また，カルローズ系の中粒米にも，**第6-4表**に示したように気候適性が異
なる品種がある。例えば，M105 や M205 はそれぞれ極・早生系の中粒米とし
て収量が極めて高い優良品種であるが，冷涼地での栽培には不適である。この
ため，RES では北部2郡（グレン・ビュート）とコルーサ・サター・ユバ郡

の北部での栽培を推奨している。一方，M104 や M206 は冷涼な環境下にも耐えうる品種で，長らく極・早生系の中心品種であり続けてきた。これらの品種はサクラメント市以南の地域でも栽培可能だが，現状では水利条件や競合作物との関係で産地の拡大には至っていない（**第6-5図**）。

　では，日本品種は主にどこで栽培されているのか。先述したように現在，日本品種の栽培は極めて低調だが，その背景には何があるのか。**第6-4表**によると，日本品種にはCA開発の品種より長稈で収穫時の倒伏度が際立って高いという特性があることがわかる。これは収穫時の作業効率を下げると同時に収穫ロスを生む原因になる。また，不稔病や菌核病への耐性が低く，生育力も弱いため，栽培管理には細心の注意が必要となる。つまり，日本品種はスケールメリットを追求する経営には適していないのである。さらに，収量の低さも際立っている。**第6-4表**によると，現在CAで最も栽培が盛んなM206より40％近くも低く，短粒米のS102やCalhikari201と比べても30％程度低いが，これは収量を上げるためにN肥を多給すると収穫時の倒伏度が高まるという性格とも関連している。これでは，日本品種がプレミアム米として高値で販売できたとしても，その価格差が40％以上 [108] でないと農家にとっては栽培意欲が湧かないことになる。

　このような日本品種の特性は，CAの流通業者（精米業者・卸売業者）においても認識されており，中粒米価格が高値で推移している現状では，農家はコシヒカリの栽培に積極的ではないという。また，流通業者の側も日本へのSBS取引による主食用米の輸出が不確実で，かつ米国内の短粒米市場が限定的な現状では，在庫リスクを避けるために農家と栽培契約を結び供給量を調整している。

　次に，栽培環境の観点からは，コシヒカリとアキタコマチはともに寒い地域には不適とされているが（**第6-4表**），California Rice Commission や精米業者での聞き取りでは，日本品種の栽培が多いのは温暖な北部（グレン郡・ビュート郡）ではなく，コルーサ郡やサター郡であるとされた。そこで，バレー内の米流通業者に対して比較的大規模に日本品種の栽培契約を結んでいる農場の位置を聞き取りしたところ，**第6-6図**に示した8つの地点が指摘された。これによると，温暖な北部の郡には1ヶ所しかなく，その立地は気候の温暖さより

は土壌条件，つまり非重粘土地帯を指向していることがわかる。これは，N肥の多給ができない日本品種を質・量ともに十分なレベルで収穫するにはマメ科植物の鋤き込みなどで土づくりを地道にする必要があるが，それには乾季に過度に硬くなり，雨季には過度に軟弱になる重粘土地帯は適していないことが関係していると考えられる。一般に，CAにおける日本品種の栽培は「地域差よりも経営者の技量差の方が大きい」と言われるが，その技量が発揮しやすい場所が日本品種の栽培に優先的に選ばれているのだと考えられる。したがって，中粒米の需要が大きく相場も好調な現状では，栽培の難しさ，市場の狭さ，および適地の限定性，の観点から積極的に日本品種を栽培する農家は多くないといえる。

3．精米業者の立地と経営概要

　では，バレー内で収穫された米はどのように流通しているのか。バレー内には日本のような農協組織はなく[109)]，収穫された米は主に精米業者を通じて国内外に販売される。現在バレー内には精米業者が14あるが，その数は1980年代半ばの4業者，1990年代半ばの7業者（Rice Journal誌より）から増加傾向にある。これは，対日輸出の開始にともなう海外市場の拡大に牽引されて市況が改善し，ビジネスチャンスが広がったことと，CA最大の精米業者として最盛期には50％以上のシェアを占めていたRGA社が，プエルトリコへの輸出に絡んだ船舶投資などの失敗で次第に業績不振に陥り，2000年に経営破綻したこと（Bond et al., 2009）による。14の業者の中には事務所・精米所・貯蔵庫が同一場所にない場合もあるが，精米所の立地はバレー西部を縦貫するフリーウェイ5号線沿いに集中している。これは，バレー内で最も稲作が盛んなコルーサ郡・サター郡の農場から搬送しやすいことと，輸出を含めて域外への輸送の拠点であるサクラメント港が5号線を下ったサクラメント市西部にあるからである。

　また，精米業者の規模は様々で，経営的にもそれぞれ特徴がある。第6-5表は，これを検討するためにバレー内の主な精米業者7社の経営概要を示したものである。これによると，A社・B社の集荷シェアが群を抜いており[110)]，中でもB社は穀物メジャーの1つとして輸出中心の販売を行っている点に特

第6-5表 サクラメントバレーにおける主要な精米業者の経営概要 （2014年）

	A社	B社	C社	D社	E社	F社	G社
設立年	1944年	1999年	2008年	2000年	1937年	1985年	1989年
立地場所	サクラメント郡	コルーサ郡	ヨロ郡	コルーサ郡	ビュート郡	ビュート郡	コルーサ郡
資本形態	協同組合	穀物メジャー	豪州資本	地元	地元	地元	日系
経営の特徴		輸出中心		特殊米	有機栽培	鮮度重視	プレミアム短粒米
集荷シェア	23%	19%	5%	5%	4%	2%	1%
タイプ 短粒米	5%	n.d.	1%	15%	5%	5%	大部分
中粒米	95%	n.d.	99%	85%	n.d.	95%	微量
長粒米	–	n.d.	–	–	n.d.	–	微量
自社ブランド販売	○	×	○	○	○	○	○
（うち短粒米）	×	×	○	○	○	○	○
（うち日本品種）	×	×	○	○	×	○	○
買入単価 (cwt)	$13.01	$15.60	$16.00	$15.70	n.d.	n.d.	n.d.
輸出率	50%	70%以上	50%	5%	n.d.	50%	n.d.
1位	日本	日本	日本	n.d.	カナダ	EU	n.d.
2位	韓国	韓国	韓国	n.d.	メキシコ	中東	n.d.
3位	台湾	ヨルダン	P. ニューギニア	n.d.	EU	アフリカ	n.d.
対日 MA 輸出	10.8万 t	14.6万 t	1.2万 t	–	–	–	–

注：買入単価はローンレート価格を除いた部分である。 n.d. はデータなし。
資料：Cal. Ag.Trader Com. の HP，各精米業者のHPおよび筆者の訪問調査

徴がある。また，日本・豪州など外国資本の参入もみられるなど資本形態は多様で，販売戦略面でも小規模業者ほど特徴がある。例えば，D社とG社は短粒米の取扱率が高く，日本品種をプレミアム米として販売しており，F社では受注後に精米・梱包するなど鮮度重視の販売を行っている。また，D・F・G社では日本から乾式無洗米処理装置を導入し，簡易無洗米として「カピカ」と銘打った自社ブランド商品を販売しており，水資源に乏しいCAでは水の消費量を抑えられるとして業務用で高く評価されている。さらに，E社では有機栽培米やアレルギー疾患を引き起こすことのあるグルテンを含まない米を主原料とした加工品の販売にも注力している。

　買入価格については市場の拡大を背景に高水準が続いている。データの公表のあるA～D社については，いずれも生産費保障の指標の1つであるローンレート価格（6.5ドル／cwt）より15ドル程度高く購入しており，農家にとっては自立経営に十分な水準といえる。これは，2008年以降の海外市場の拡大に加えて，1999年に設立されたCalifornia Rice Exchangeによって籾米をWeb上で競売できる販売方法が確立され[111]，農家が精米業者と結ぶ販売契約において交渉力を発揮しやすくなったことも背景にある。

　一方，輸出についてはB社を筆頭に大規模業者ほど盛んな傾向にある。対

日MA輸出も同様に大規模業者に集中し[112]，B社が1位でA社が2位の実績を誇っている。これは，農林水産省がMA米の輸入を合理的・低コストで行うために入札単位を1.2万トンでの船舶輸送と規定していることからきており，集荷能力の低い小規模業者は日本の商社から商談相手にされにくいのである。したがって，小規模業者は少量でも受注可能な主食用米のSBS取引に活路を見出したいところだが，現状では日本側に需要がほとんどない（川久保，2016a）。このため，小規模業者の関心は国内市場を念頭に，短粒米を含む高付加価値商品の地道な販売に向くのである。

4．対日輸出の開始と稲作の再生

　これまで検討したように，CAの稲作は1990年代半ば以降の対日輸出の開始を契機に大きな変化を遂げた。それは，短粒米栽培の増加や精米所の新規立地と多様な米商品の開発にも現れたが，コシヒカリなど日本人がイメージする高級品種の生産は拡大しなかった。理由は，日本が輸入するMA米の大部分が非主食用を念頭に置いた低級・廉価米であり，それを担ったのは中粒米だったからである。しかし，MA米として約束された輸出量30万トンは1990年代前半のCAの米生産量の20%以上に該当し，決して小さなものではなかった。このため，CA産の米全体の需給バランスを大きく好転させ，長らく低迷していた相場は上昇に転じ，栽培面積も急速に回復した。

　では，その恩恵はバレー内の主にどの地域にもたらされたのか。1990年以降の主要6郡の栽培面積と価格の推移を3年単位でまとめて示した**第6-7図**によると，対日輸出の急増期で韓国・台湾への輸出がまだ微々たるものだった，すなわち対日輸出の影響が極めて顕著に現れたであろう1993～1998年の間に大きく伸びたのはコルーサ・サター・グレンのバレー北西部の3郡であることがわかる。しかし，1996～1998年平均の3郡の面積はそれまでのピークであった1980年代初頭の面積とほぼ同じであり，栽培が拡大したというよりは回復したと解釈すべきであろう。また，これら3郡の水田は他作物の栽培も可能な非重粘土地帯にも多いという共通点がある（**第6-6図**）ことを勘案すると，対日輸出の急増は，減反期に転作されていた潜在的な水田を本来の土地利用に復帰させる役割を果たしたといえよう。そしてその過程で，コルーサ郡とサター

郡では一時的に日本品種の栽培が活発化し，プレミアム短粒米の産地としての地位を固めたといえる。

　一方，価格については対日輸出の急増で上昇に転じたものの，それほど顕著ではない。しかし，1990年代初頭には比較的低価格だったヨロ郡・ユバ郡・サター郡の価格が1996〜1998年には他の3郡に近づき，地域差は小さくなっている。これは，日本がMA米の輸入に際して質を重視せずカルローズを大量に調達したため，バレー内の米相場を全体的に底上げした結果であると考えられる。

　したがって，対日輸出の開始の恩恵は相対的に，生産面では高生産性地帯でもあるバレー北西部の3郡（コルーサ・サター・グレン）に，価格面では冷涼で早場米や晩生種の栽培に適さない南西部の3郡（ヨロ・ユバ・サター）にもたらされたといえよう。しかし，主要6郡以外の産地に目を転じると，対日輸出急増の恩恵はほとんど見られない。**第6-7図**のように栽培面積は1990年代を通じてほとんど変化がなく，2005年以降は相場の上昇にも関わらず減少している。これは，主要6郡以外には有力な精米所が存在せず，対日輸出の恩恵を受けにくいことと，サンワキンバレーでは水利権が弱く，需要の伸びている果樹やナッツ類に転作した方が高収益が得られるからだと考えられる。

Ⅴ．小括

　日本のGATT合意に基づく米輸入の開始は，世界有数の米輸出国の1つである米国の米産地に大きな影響を及ぼした。中でもCAは日本市場が好むジャポニカ米の世界的な産地であり，毎年確約された30万トンものMA米の輸出は米の需給を一変させ，産地内の生産・流通構造を大きく変化させた。

　第6-6表がそれを示したものだが，まず日本が輸入を開始する前のCAは，国内外市場ともに小さく不安定で，米栽培は減反政策の下で政府補助金に依存しながら行われていた。また，産地はサンワキンバレーの北部にも存在し，長粒米も一定程度栽培されるなど，現在よりも広範に多様に展開していた。そのような中，1990年代半ばになると，日本が大凶作による緊急輸入ならびにMA米の輸入を大規模に行うようになり，CAはその半分を担うようになった。

第 6-6 表　日本の米市場の開放と CA における稲作の変化

	生産動向		市場環境		産地の地域的盛衰
	農場経営	品種選択・開発	海外	国内	
1980 年代後半	減反政策 補助金に依存 穀物全般が不況	短粒米・長粒米の栽培減。 中粒米の開発に注力。	欧州・東南アジア・グアム・ハワイ・プエルトリコなど安値で不安定な市場。	価格の低迷 ビール・シリアル製品など加工用途に活路。	サクラメントバレー外でも 15% 程度の栽培実績。
1990 年代後半	栽培面積が急回復し、生産量は史上最高水準に。 相場の改善	日本品種の栽培増 対日輸出用の糯米である Calmochi の栽培も増加。	対日輸出の開始で高値安定市場の獲得。	アジア系移民の増加で徐々に消費の拡大。	サクラメントバレー外での栽培は回復せず。 バレー北西部で著しい回復。
2010 年代	ピークを維持 自立的経営が実現 ナッツ類の活況	中粒米の全盛 高収量・気候適正に優れた品種の一層の普及。	高級ジャポニカ米ブーム。 韓国・台湾にもMA 米。 中東市場の拡大。	高水準を維持 健康志向・日本食ブームなどで主食用の需要増。	サクラメントバレー内でも南部は都市化で衰退。

資料：八木（1992）および筆者の現地調査

　このような大量の安定した海外市場の確保は、バレーの北西部を中心に米栽培を急速に拡大させ、生産量では 1980 年代初頭の史上最高レベルにまで回復した。また、対日輸出を念頭に置いた日本品種の開発や糯米の栽培も増加したが、日本が MA 米で求めたのは加工向けグレードの米であったため、需要が伸びたのはカルローズと呼ばれる CA で最も普及している中粒米であった。このため、対日輸出の恩恵は相場の上昇という形でバレー全体に及んだ。

　2000 年代に入ると、日本は関税化を受諾したため輸入量は一定量に固定され、米国からも 30 万トン余りで頭打ちとなった。しかし、CA からの MA 米の輸出は韓国や台湾向けにも始まり、海外市場の拡大は継続された。また、世界的にジャポニカ米が高級品として認知されるようになり、相場は一層、好調に推移するようになった（**第 6-4 図**）。このため、政府の補助金なしでも経営が成り立つようになったが、栽培面積は水資源の制約からほとんど伸びず、1980 年代初頭の記録は未だに破られていない。一方、米国の国内市場もアジア系移民の増加や健康志向、日本食ブームなどで拡大するようになったが、そこで主に食されるのは中粒米であり、CA では高収量かつ気候面で広範に栽培可能な品種の開発が一層進められるようになった。

　以上のように、CA の稲作は日本に市場開放を求め始めた 1980 年代後半とは全く異なる市場環境、史上最高の好況下にあるといえる。しかし、栽培面

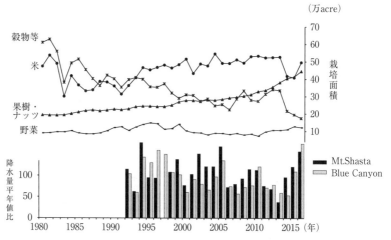

第6-8図　サクラメントバレー主要6郡における農地利用と降水量の推移

資料：Crop Report, California Agricultural Statistics Review

積に拡大の余地がなく，品種開発による収量増も鈍化していることを踏まえると [113)]，生産量も頭打ちの可能性が高い。それどころか，過去の土地利用の動向からバレー内の稲作を展望した場合，必ずしも明るいことばかりではない。**第6-8図**は，主要6郡の農地利用の推移を，米，穀物等，果樹・ナッツ類，野菜類について示したものだが，1990年代末以降は史上最高レベルを維持してきた米は，2015〜2016年には大きく減産している。これは，バレー内に灌漑用水を供給する主要ダム（シャスタダム・オロビルダム）周辺の降水量が2012年以降4年連続で平年値を大きく下回り（**第6-8図**），深刻な干ばつが生じたからである。このような数年に渡る干ばつは1980年代末〜1990年代初頭にもあったことから，今後も生じる可能性が高い。また，米以外では果樹・ナッツ類の栽培の増加が穀物からの転作を中心に継続しており，2015年には米を初めて上回った。米から果樹・ナッツ類への転作は重粘土地帯では困難だが，バレー北部の非重粘土地帯ではこれまでも少しはみられた。よって，今後の両作物の相場次第では水田面積が減少する可能性があるし，同様の代替関係はバレー中部の加工トマト栽培との間にもいえる。

　したがって，今後も米国内で米市場が拡大し続けると想定すれば，CAで今

以上に輸出依存度が高まる可能性は低いと考えられる。また，状況が変化して米国が自由化を求めてきても，日本市場向けに短粒米，特に日本品種が大量に輸出されるとは考えにくい。それは，カルローズより栽培管理が難しく低収量なため，CA の米農家には敬遠される性格を有しているからである（**第6-4表**）。また，自由化となれば現在，加工用に仕向けている MA 米の輸入義務はなくなる。となれば，この用途米において CA 産は第三国との価格競争に晒され，かつ日本産の特定米穀とも競合することになるため，輸出量は減少するだろう。さらに，MA 米入札時の1.2万トン単位の物流規定がなくなれば，バレー内の小規模精米業者の参入が容易になるため，現在のような落札を前提とした日米の大企業同士の硬直的な価格形成は弱まり，相場は下落すると考えられる。つまり，CA にとっては現状の MA 制度の下で高値安定の30万トン余りの輸入割当を確保し続ける方がメリットが大きいのである。これらを踏まえると，今後の日米交渉では米の輸入に関して譲歩を要しないことは明白である。日本政府は TPP での合意内容に縛られることなく，現状の管理貿易が米国にとって最善の策であることを粘り強く訴え続けるべきである。

　なお，過去20年余りの日本への米輸出が CA にもたらした影響については，品種開発にコシヒカリなど日本品種の形質が取り入れられ，かつ高級品の代名詞になっている以外には，大きな知見は見出せなかった。生産面では米国型の大規模機械化農業や中粒米中心の栽培は何ら変わっておらず，販売面でも企業ブランドによるブレンド米の普及など，むしろ日米間の差異として強化されている（川久保，2017b）。消費面でも外食では米料理を食す機会が増えたが，その品種は中粒米であり，家庭においても玄米を健康志向で食す習慣は日本にはないものだからである。強いて日本流が伝わったものを挙げれば，それは流通段階において，日本製の精米設備が導入されたり，無洗米が業務用を中心に普及しつつあることくらいではないだろうか。

第3部

日本の農産物市場開放が国内外の農業・食料貿易に及ぼした影響

　第3部では，第1部と第2部で明らかにした高付加価値食品（牛肉・オレンジ・米）の対日輸出の拡大にともなう国内および海外産地の農業経営の変化を双方向的に分析することを通じて，農産物貿易の拡大・浸透が輸出入国の双方に及ぼした影響について総括する。その際，分析の対象は生産・流通部門のみならず加工・消費部門にも広げるが，国内については輸入圧力の中で進められた政策対応や農業経営の構造改革に焦点を当て，市場開放がもたらした積極的な側面，もしくは遺産といえるものについても検討する。海外については，日本市場の消費嗜好に適応するために行われた経営構造の転換が，対日輸出が停滞・減少局面を迎えた現在，どのような意義を有しているのか，グローバルな視点で評価する。

第7章

農産物市場開放後の日本農業の現状
—生産力の減退と構造改革の進展—

Ⅰ．市場開放後の肉用牛飼養および柑橘農業・稲作の現状

　第7-1表は，第1部（第1章〜第3章）で得られた成果をもとに，牛肉・オレンジ・米の市場開放（牛肉・オレンジは1991年，米は1995年）が日本の肉用牛・柑橘類・米の3部門の生産・流通および産地構造にもたらした変化を，農政の展開と絡めてまとめたものである。これによると，どの部門においても輸入圧力の高まりによって需要を奪われ，生産力が低下していることがわかるが，影響の深刻度は品目・産地間で異なっている。

　まず，肉用牛部門では，乳用種は価格の大幅下落によって飼養頭数が自由化後の20年で20％も減少しているが，肉用種は価格の下落幅が小さく長期的に

第7-1表　高付加価値食品の市場開放にともなう政策対応と肉用牛・柑橘・米産地の地域的盛衰

		牛肉輸入自由化		オレンジ輸入自由化		米市場開放
需給	肉用種	長期的には需要拡大 供給不足時に価格高騰	生果	需給バランスの改善 みかん価格の上昇と安定		SBS米が業務用需要に浸透 低銘柄米を中心に価格下落
	乳用種	価格の暴落と低迷	果汁	加工向けみかんの過剰 と価格の暴落・低迷。		加工用米の過剰と在庫増 MA米の販売不振と財政赤字
生産動向	肉用種	頭数で微増 黒毛和種の比重増大	生果	面積で約40％減少 中晩柑類の比重増大		全国的に減反の強化 面積で25％以上の減少
	乳用種	頭数で約20％減少 交雑種の比重増大	果汁	製造量の激減 輸入品の使用でコスト削減		
地域差	肉用種	九州南部の成長 中山間地域の衰退	生果	すべての産地で減産 伝統的産地で高い維持度		非主食用米の栽培が盛んな 地域（東北・北陸・関東・九州） で比較的高い維持度。
	乳用種	北海道の成長 他地方の大部分で衰退	果汁	加工向け産地の衰退 小規模工場の廃業		
政策対応	肉用種	肉用子牛生産者給付金制度 肉用肥育経営安定特別対策事業	生果	柑橘園地再編対策事業で 品質不良園を減反。		中山間地域直接支払制度 新規需要米栽培助成制度
	乳用種	畜舎建設などに補助事業 営農継続のための融資	果汁	加工向けみかんへの価格 補償水準の引下げ。		

資料：筆者が作成

は需要が拡大したため飼養頭数は若干, 増加している。これは, 肉用種と乳用種では肉質面での差が大きく, 肉用種は自由化後に脂肪交雑度を一層高めることで輸入品との差別化を図ることに成功したからである。しかし, 肉用種の産地でも九州南部で際立った成長がみられる一方で, 中山間地域などでの小規模経営の衰退には歯止めがかかっておらず, すべての地域で輸入圧力に抗しえたわけではない。また, 乳用種でも北海道では飼養頭数が大幅に増加しており, 本州でも交雑種飼養への転換で減少度を低くとどめている産地がある。

　次に, 柑橘部門では1970年代後半から減産基調にあったため, すべてがオレンジ自由化の影響とはいえないが, 自由化後は全国的に栽培面積が大きく減少し, 20年間の減少率は40%にも達している。しかし, 基幹品種であるみかんの価格は自由化直前から大きく上昇し, 農家経営は大きく改善された。これは, 自由化直前の3年間で品質不良園の伐採・廃園が進められ, 15年以上続いた供給過剰が解消されたからである。しかし, この恩恵を受けたのは主に高品質なみかん生産が行われていた地域で, 自由化後の産地縮小を小幅にとどめられたのは静岡・和歌山・愛媛・熊本などの伝統的産地であった。また, オレンジ生果の自由化の翌年には果汁の自由化も実施された。これは, 事実上, 低品質であるが故に果汁加工向けに出荷されるみかんの多かった地域に大きな打撃を与え, いわゆる非銘柄産地の衰退に拍車をかけた。同時に, みかん果汁の製造を主に担っていた農協系工場の経営は悪化し, 廃業する例もみられた。このため, 多くの農協系工場では輸入果汁を使用しながら安価な柑橘果汁を製造したり, 大手ボトラーからのOEM製造の受注を強化したりして操業の維持を図るようになった。

　最後に, 米部門については, MAの受諾という形での市場開放であるため, 必ずしも輸入品と全面的な競争を強いられているわけではない。また, 1970年代より一貫して国内消費量が減少している中では, 米生産の減少基調を輸入米の圧力のみに帰することはできない。しかし, MA導入直後の1996年から減反が強化され栽培面積の減少ペースが加速したのは事実で, 1995〜2015年の20年間の減少率は25%以上に達している。また, 米価もSBS米と品質的に近い低銘柄米を中心に下落するようになり, 内外価格差がほとんどない年度も生じている。MAに加えて1999年には関税化を受け入れたため, 米の輸入

量は事実上，年間約70万トンに固定され，かつ大半は非主食用に回されている。しかし，米の国内生産量が800万トンを下回ろうとしている状況を踏まえると，70万トンという輸入量は今後ますます無視しえなくなる。このため，政府は2008年より多額の補助金で非主食用の新規需要米の栽培に誘導し，米の需要拡大を図る政策を取るようになった。これにより，栽培面積の減少には歯止めがかかったが，新規需要用米の栽培には地域差が大きく，現状ではこれが稲作の維持度の地域差を生む最大の要因になっている。

　以上のように，市場開放後の3部門では肉用牛飼養の一部を除いて大きく生産量が減少し，産地の衰退や地域経済の疲弊といった深刻な問題が生じた地域もあった。しかし，市場開放前に議論された影響予測と比較すると，全体としては産地崩壊といった現象が目立ったわけではない。その要因としては，以下の2点が考えられる。1つは，必ずしも輸入品が国産品と直接的な競合関係にならなかったことである。事前予測では，輸入品の価格競争力がクローズアップされたが，輸入された商品は質的に国産とは微妙に異なっていた。牛肉は脂肪交雑の少ない堅い赤身肉であったし，オレンジはバレンシア種に関しては日本には存在しなかった。米に関しては，長粒米はもちろんのこと，同じジャポニカ米に分類される中粒米でも食味の違いを日本の消費者は明確に認識できた。つまり，消費者は輸入品を究極的には別物と位置付けたため，完全に国産品に置き換わることにはならなかったのである。その意味では，輸入品が日本の食を食材面で豊かにしたという点がより強調されるべきであろう。また，2000年代に入ると食の安心・安全にも関心が集まり，国産信仰ともいえる消費行動が生じた。総じて，日本市場の消費嗜好は価格以外の質的な面へのこだわりが強いといえ，これが国産需要の底堅さに繋がったと考えられる。

　もう1つは，市場開放に備えた政策の効果である。オレンジの自由化に際しては自由化直前の3年間に柑橘園地再編対策事業を実施し，補助金付きで減反を進めた。一方で，果汁の自由化に対しては加工向けみかんへの価格補填額を年々切り下げた。これは，加工向け出荷率の高い品質不良園の伐採を通じてみかんの需給調整と品質向上を強力に推し進める効果を持ち，柑橘経営の採算を急速に改善させた。牛肉の自由化に際しては，自由化と同時に子牛価格の下落で肉用種の繁殖経営および乳用種の育成経営が窮地に立たされないように，肉

用子牛生産者補給金制度を設けた。また，2001年には肉用肥育経営安定特別対策事業を創設し，枝肉価格の下落に対する不足払い制度も整備した。これらは輸入牛肉からの関税収入を主な原資とした事業で，結果として採算割れの価格が毎年のように続いている乳用種の経営を支える上で極めて高い貢献をしている。米の市場開放に際しては，MA制度の下で輸入米の大半を非主食用米として流通させることを徹底し，主食用として輸入米が消費者の目に触れにくい環境を作った。もちろん加工用としては国産と競合しており，国家管理を行っているが故に財政負担も生じているが，少なくとも市場開放直後に国産米価格が暴落するといった事態は避けられた。また，MA導入直後のことではなく必ずしも輸入米対策とはいえないが，中山間地域直接支払制度（2003年）や新規需要米栽培助成制度（2008年）も耕作条件のよくない水田の維持や減反による営農意欲の減退を防ぐ上で効果を発揮しており，全体として稲作の維持に繋がっていると評価できる。

　さらに，輸入割当を拡大しつつ自由化を先送りしてきた外交交渉，すなわち国境措置をできるだけ長く継続してきたことも，結果論的には大きな効果を持った。それは，輸入急増に備えた準備期間といった意味だけでなく，時代背景からもいえる。例えばオレンジの場合，自由化後に急速に大衆品化したため，輸入量は自由化から3年後の1994年をピークに減少した。牛肉の場合，自由化後10年の2001年にBSE問題が発生して安心・安全志向が強まり，国産品に優位性が生じた。米の場合は，米国で1990年代末から国内消費が拡大し，輸出依存度が低下すると同時に相場も高水準を維持しているため，事実上，対日輸出圧力は高まっていない。仮に3品目とも1985年に自由化していたら，その後の国内景気の過熱と相まって輸入量は実際の輸入割当の拡大ペースを遥かに超えていただろう。それが3部門の産地に及ぼした影響は計り知れず，自由化の先送りは激変緩和，もしくはソフトランディング的な離農を促す効果をもったといえる。

　では，市場開放から25年以上経過した現在，輸入圧力の高まりに対応してきた3部門の産地では何が得られたのか。遺産といえる成果はあったのだろうか。以下では，市場開放の積極的側面について検討する。

Ⅱ．市場開放にともなう経営構造の改革の積極的側面

　市場開放にともなう輸入品の急増は価格競争を通じて国内産地を疲弊させた
が，一方で生き残りをかけた経営構造の改革も促した。それは，輸入品への価
格面と品質面での対応に大別できるが，まず経営規模の拡大，低コスト化の進
展について検討する。**第7-1図**は，これをみるために自由化後25年間の肉用
牛飼養とみかん栽培，稲作の経営規模の変化を示したものだが，部門間で大
きな差があることがわかる。肉用牛飼養では経営規模が全体で1経営体当たり
12頭から46頭へと3倍以上に拡大しており，中でも輸入牛肉との競合が大き
かった乳用種では45頭から150頭へと拡大幅が大きい。

　これに対して，みかん栽培では1農家当たりの栽培面積が0.46haから0.61ha
へと若干拡大しただけで，静岡・和歌山・愛媛・熊本の主要4県に限定して
も0.51haから0.73haに拡大したに過ぎない。もちろん，みかん農家の多くは
中晩柑類の栽培も行っており，それを勘案すれば柑橘栽培としては経営規模は
30％程度大きくなると考えられるが，肉用牛飼養とは比べものにならない。こ
れは，柑橘栽培は果樹の中では土地利用型部門であるにも関わらず，園地の多

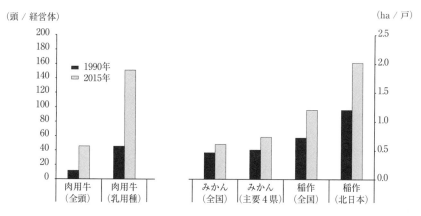

第7-1図　肉用牛飼養・みかん栽培・稲作の自由化前後の経営規模の変化

注：主要4県は静岡・和歌山・愛媛・熊本県を指し，北日本は北海道・東北地方を指す。
資料：畜産統計，農業センサス

くは傾斜地に分散錯圃の状態で存在しているという営農条件が影響している。したがって，経営の機械化や法人化などの構造改革は肉用牛飼養の方が活発に行われ，全体として内外価格差の縮小も進んだといえる。

　一方，稲作については1農家当たりの栽培面積が全国では0.72haから1.20haへ，北海道・東北地方に限定すれば1.20haから2.02haへといずれも1.7倍に拡大したに過ぎない。しかし，北海道・東北地方では借地を中心に規模拡大し，法人経営に移行する農家も多く（斎藤，2003，2007），直播の導入や新規需要米生産の一環で多収量品種の栽培がみられるなど，限定的ではあるが内外価格差の縮小はかなり進展していると考えられる。

　では，品質面ではどのような対応が取られたのか。まず，肉用牛飼養では輸入牛肉と肉質面での差を明瞭にするために，乳用種経営では交雑種の導入を進め，肉用種経営では脂肪交雑の点で成績のよい黒毛和種の飼養割合が高まった。また，柔らかくジューシーな和牛肉，安心・安全な国産牛肉としてブランド化する動きも強まり，輸入品との差別化が強化された。中でも和牛は「ささやかな贅沢」の対象として贈答品や観光地での需要が高まっており，輸入圧力が最も少ない農産物の1つとなっている。

　これに対して柑橘栽培では，みかんの品質向上，具体的には糖度を高める技術開発が進展した。そして，高糖度の果実のみを厳選した販売を強化し，輸入品との価格競争を回避した。中晩柑類では，輸入品と同品種のネーブルの栽培は激減したが，日本独自の品種の開発・リリースが継続されている。新品種は必ずしも市場に定着せず，開発・導入コストに対して非効率な面もあるが，続々と登場する新品種が国産柑橘類への関心を繋ぎとめる役割を果たしている。また，自由化で壊滅的な打撃を受けたみかん果汁製造でも，高品質なストレート果汁製品の販売で復権の動きがある。これは，農家の起業を含む柑橘産地内の中小企業を中心とした取り組みで，非効率ゆえに大企業では馴染まない「皮をむいた後に搾汁する」製法を取ることで，ミカンの風味と果汁の鮮度を高く維持することに成功している。

　一方，米については，食味を意識したコシヒカリ系の新品種のリリースが継続しており，それを地域ブランドとして確立することで輸入品との差別化ならびに消費者への直売が強化されている。また，新規需要米の栽培と絡んで，米

粉を用いた多様な商品の開発が産地での起業を含む形で行われていることも，広い意味では市場開放にともなう生産・加工面での成果といえよう。

　このように，自由化後の肉用牛・柑橘類・米の3部門では，輸入圧力に晒される中で品質面での商品差別化を中心に経営構造の改革が行われてきた。そしてこれらは，商品の品質や安全性に敏感で高値を厭わない日本市場の消費嗜好を前提とした，いわば「国内市場確保」を念頭に置いた経営戦略であったといえる。

　では，これらの市場開放後に進められた経営改革の成果は，遺産として今後の農業の発展に活かせるのだろうか。近年，アジア諸国の経済成長にともなう富裕層の増加ならびに日本食ブームを背景に，政財界をあげて「高品質な日本の農産物・食品の輸出の有望性」が説かれている。現に，近年の輸出額の伸びは目覚ましいが（川久保，2019），牛肉・柑橘類・米の実績はどうなのか。これを示した**第7-2図**によると，米と牛肉の輸出量は2010年代に入って増加が目立っているが，柑橘類では逆に減少している。また増加しているとはいえ，米と牛肉の輸出量は1万トン前後しかなく，両品目の輸入量が70万トン前後であることと比較すると微々たるものである。もちろん，国産の方が輸出単価

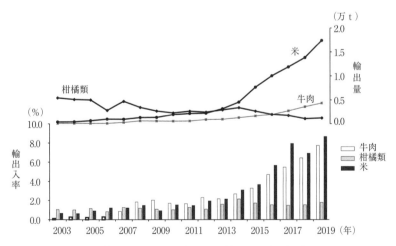

第7-2図　牛肉・柑類橘・米の輸出量と輸出入比率の推移

注：輸出入率は，輸入額に対する輸出額の比率で示している。
資料：日本貿易月表，農林水産省HP「米をめぐる関係資料」

は遥かに高いので金額に換算すると格差は縮小するが，それでも輸入額に対する輸出額の比率は2019年現在，米と牛肉が8％前後，柑橘類では2％に過ぎない。

　この現状は，円高を念頭におけばそれほど悲観的なものではなく，海外の富裕層を中心とした健康志向が一層高まれば，価格の問題は徐々に薄れていく可能性があるし，検疫等の非関税障壁が緩和されるだけでも輸出相手国は増加するだろう。その意味では，自由化問題に揺れた1980年代とは根本的に輸出環境が異なる。しかし，本格的な輸出拡大を実現するには，相手国の食文化を理解しながら消費者層や消費用途を広げなければならない。また，日常的に食されるレベルを目標にするなら，長年に渡って定着してきた消費嗜好の壁も存在する。例えば，脂肪交雑に特徴のある和牛肉や水分が多く微妙な甘さのミカン，粘り気のある短粒米のコシヒカリは日本人が愛してやまない食味を持つ品種だが，海外ではほとんど生産されておらず馴染みがない。近年急増中の訪日観光客が日本の食材をどう評価しているのか興味深いが，短期的にはアジア諸国での日本食ブームは，食材として日本の農産物の需要を劇的に高めることにはならないと考えられる。とはいえ，国内市場が縮小する中では，輸出拡大による生産の刺激が産地の維持や農村の地域経済の活性化に繋がるのは言うまでもない。そしてそれは，日本全国で生産され常に過剰傾向にある米について最も当てはまる。市場開放の遺産として蓄積された農産物の品質の高さ（独自性）や健康志向のイメージを，今後は海外でのマーケティング活動に活かすべく，農外資本も含め積極的に取り組む必要がある。

　なお，市場開放の積極的側面を消費者側から評価すれば，輸入品の増加は食材のバラエティーを豊富にし，食文化の多様化に貢献したといえる。例えば，低価格な牛肉は庶民の憧れであった「ビーフステーキ」を身近なものにし，格安な牛丼はファーストフードの中に確固たる地位を築き，牛肉需要を全体として高めた。オレンジの場合，生果の自由化は贈答品としての価値を失わせる結果となったが，果汁の自由化では混合規制によってそれまで「みかん」ジュースを「オレンジ」ジュースと認識せざるを得なかった状況を劇的に変え，夏季にふさわしい爽快感のある甘さと香りを持つ飲料が格安で提供される機会を生み出した。米でも，長粒米はチャーハンなど炒め物にふさわしい品種として知

られるようになり，本格的なタイ料理店では欠かせない食材である。また，中粒米の大半は米国からの輸入だが，イタリアやスペイン料理におけるリゾットやパエリアで使われる機会も現れており，本格的なエスニック料理の普及に貢献している。

　以上のように，市場開放後の肉用牛・柑橘類・米の3部門では農業経営面で様々な改革を強いられたが，その影響は消極的なものばかりではなく，未来志向で捉えられるものも少なくないことがわかる。

第8章

対日輸出国における農業・食料貿易の変化と歴史的評価
―高付加価値食品の対日輸出を巡って―

Ⅰ. 対日輸出国における高付加価値食品の生産・流通構造の変化

　第8-1表は，第2部（第4章～第6章）で得られた成果をもとに，1980年代後半以降の牛肉・オレンジ・米の対日輸出の拡大が，豪州東部と米国CAにおける肉用牛・柑橘類・米の3部門の生産・流通に及ぼした変化を総括したものである。これによると3部門とも自由化後に対日輸出が急増し，それが相場の上昇を通じて生産動向を増加基調に変えたことがわかる。しかし，輸出増の程度や産地にもたらされた影響は，それぞれの産地で少なからず異なっていた。

　まず，豪州東部の肉用牛部門では，対日輸出は自由化後10年間は増加し続け，日本は米国を凌ぐ最大の海外市場に成長し，減少基調にあった肉用牛飼養をV字回復させる原動力となった。また，その間に輸出された牛肉は，次第に当時の豪州ではほとんど生産されていなかった穀物肥育牛肉にシフトしていった。

第8-1表　対日輸出の拡大にともなう海外産地における牛肉・オレンジ・米の生産・流通構造の変化

	豪州東部 （牛肉）	カリフォルニア州 （オレンジ）	カリフォルニア州 （米）
対日輸出	自由化後10年間は増加 米国を凌ぐ最大の海外市場に 穀物肥育牛肉の比重増大	自由化後4年間は増加 カナダと並ぶ2大市場に ネーブルの比重増大	MA導入後4年間は激増 最大の海外市場に 低グレードの中粒米が大半
生産動向	飼養頭数のV字回復 穀物肥育牛の飼養増加 NSW内陸部で穀物肥育関連部門（FL・飼料用穀物）の成長。	栽培面積が増加軌道に ネーブル栽培の増加 南CA地域の衰退に拍車	過去最高レベルにまで急回復 中粒米栽培の増加 日本品種への関心 サクラメントバレー全域で増産
対日仕様の経営転換	穀物肥育牛肉の冷蔵流通 アンガスなど温帯種の肥育	規格の統一（大玉・外観） 糖度の高い果実の厳選	日本品種の契約栽培 日本市場を念頭に品種開発
日系資本の直接投資	牧場・FL・アバトアに投資 2000年代に入って撤退増	農場の買収 自由化後10年で撤退	農場・精米所に投資 農場からは撤退
商品づくりと技術移転	脂肪交雑のある肉づくり 長期肥育のノウハウ	カラーグレーダー選果機 糖度センサー選果機	日本品種の栽培技術 精米後の保管・品質管理

資料：筆者が作成

これは，日本市場がテーブルミートとして求めたのは柔らかく脂肪交雑のある牛肉だったからで，豪州では東部3州を中心に穀物肥育牛肉の飼養が急増した。また，肉質的に脂肪交雑が進みやすいのは英国起源の温帯種の牛であったため，子牛を肥育するFLはNSWを中心とした温帯域に多く建設された。これは，FLで給餌される穀物飼料もNSWで生産量が多かったからで，伝統的にQLDやノーザンテリトリーでの放牧による肉用牛飼養が卓越していた豪州の姿を大きく変えた。

　次に，CAのオレンジ部門では，自由化後は期待に反してそれほど対日輸出は伸びなかった。日本はカナダと並ぶ2大海外市場の1つになったものの，輸出量自体は自由化の4年後をピークに減少するようになり，価格も大衆品になったことで大きく下落してしまった。しかし，自由化後は次第にネーブルの需要が高まったため，ネーブル栽培に適したサンワキンバレー地域では輸出増が継続した。一方，バレンシアの主産地であった南CA地域では対日輸出が激減し，柑橘栽培全体の衰退に拍車がかかった。

　最後に，CAの米部門では，MAの導入後4年間は対日輸出が急増し，最大の海外市場（長粒米を含めて全米レベルでみればメキシコに次ぐ第2位）になった。また，MAによる輸出で求められた約30万トンの大半は日本では主食用に不適な低グレードの中粒米であり，栽培品種や肥培管理，流通面で特殊な対応を求められなかったため，CAの稲作の核心地であるサクラメントバレーではほぼ全域で米生産が増加した。しかし，MA導入時に予想されていた短粒米，中でもコシヒカリなど日本品種の栽培は関心を集めたものの，主食用米の輸入割当量が限定的であったこともあり，それほど伸びなかった。

　以上のように，豪州・CAの牛肉・オレンジ・米の各部門では日本の市場開放を機に輸出量を伸ばすことに成功したが，それは日本市場の消費嗜好に合わせて様々な経営努力を重ねた結果でもあった。例えば，豪州東部の肉用牛部門では脂肪交雑が進みやすい温帯種としてやアンガスやマリーグレーが見出され，今や和牛に次ぐ霜降り肉としてブランド価値を持ちつつある。また，FLではそれまでの豪州では経験がないほどの長期肥育がなされ，食肉処理後の牛肉は鮮度が落ちないようチルド流通で日本に輸出された。CAのオレンジ部門では，PHでの選果工程で大玉で外観のよい果実が厳選され，かつ糖度の高い果実が

別ロットで取引されることもあった。CA の米部門では，限定的ではあったが日本品種の栽培が増加し，低価格・高収量な短粒米や糯米の開発が州独自で進められ，一定量の輸出が継続されている。

　このような日本市場を念頭に置いた農産物の品種開発や品質管理，規格の統一などの生産・流通面での対応は，高付加価値食品の輸出の場合，輸出国側の既存のスタンダードの押し付けでは輸出促進という目標を最大化できなかったことを意味している。また，言い換えれば日本市場は無視しえないほど大きく，魅力的だったのである。では，日本市場の消費嗜好やそれに適した商品づくりはどのように輸出国側に伝わったのか。これには，日系の製造・流通資本による情報提供や技術移転が大きく関わっている。日系資本の関与として最も大きなものは直接投資だが，これについてもそれぞれの産地・部門によって差異がある。

　まず，豪州東部の肉用牛部門には，最も大規模・長期的に日系企業の直接投資が行われてきた。それは繁殖牧場・FL・アバトアのすべてにおいてなされ，中でも FL の収容能力における日系企業のシェアは一時，全豪の 30％近くもあった。これは，FL セクターが脂肪交雑の進んだ牛肉づくりの肝であり，自由化前の豪州には長期肥育のノウハウが決定的に欠けていたこと，ならびに FL を大規模に短期間に建設する上での資本が十分になかったことからきている。

　一方，CA のオレンジ部門では農場の買収以外に直接投資の動きはなく，しかも自由化後 10 年で撤退している。このため，日本市場を念頭に置いた商品づくりは主に小売資本の意向を受けた商社によって間接的に誘導されたが，そこではまず，規格の統一を徹底するためにカラーグレーダー付きの選果機が導入された。そして，品質の基準として糖度が重視されるようになると，糖度センサー付きの選果機によってそれが担保されるようになった。では，なぜオレンジ部門には直接投資が不活発だったのか。これは，肉用牛飼養とは対照的に柑橘栽培が天候の影響を強く受けるため，品質面も含めて安定した生産が不確実であることと，CA には自由化前から成熟した柑橘産業が展開しており，日本市場の要求に応えられるだけの技量や資本力があったからである。また，自由化後 4 年で輸出量が減少に転じ，かつ豪州の牛肉ほど海外市場として日本の

比重が高くなかったことも大きいと考えられる。

　CA の米部門についても直接投資の動きは小さく，1980 年代末に農場の買収と精米所の創業がみられただけで，極めて小規模なものにとどまっている。この背景には，オレンジ部門と同様の自然的・社会的条件があるが，加えて，水資源の制約から新規に水田が開墾できないという特殊な事情もある。しかし，日本人が CA の地で日本品種の栽培を行い，日系企業が精米所で品質管理の模範を示したことは，現地でのプレミアム短粒米の生産・流通体制の確立につながった。したがって，仮に日本への主食用米の輸出が量的にも取引方法的にも促進される事態になれば，日本品種が増産される可能性はある。

Ⅱ．対日輸出国における日本市場の開拓と適応の歴史的評価

　以上のように，自由化などを契機とした牛肉・オレンジ・米の対日輸出の拡大は，豪州・CA の産地を活性化すると同時に，経営構造の転換をもたらした。それは端的に言えば，「日本市場の消費嗜好に適応するための品質の向上」であり，具体的には牛肉では脂肪交雑，オレンジでは外観（サイズ）と食味（糖度），米では短粒米（日本品種）が求められた。これらは，設備投資や品種開発，流通段階での品質管理などの点で従来の豪州や CA にはなかったものであり，それ故に日系企業の関与も必要とされたが，日本市場自体は現在，停滞・縮小局面にあり，そのプレゼンスは低下している。

　では，豪州・CA におけるこのような対日仕様の経営転換は，歴史的にはどのように評価され得るのか。その１つは，当該産地における「高付加価値化を伴った商品の多様化」に貢献したことである。ブランド価値を持つ穀物肥育牛肉，高糖度を保証された果実，プレミアム短粒米は，豪州東部や CA にはなかった商品カテゴリーで，これらは新たな海外市場を開拓する上でセールスポイントの１つになったと考えられる。なぜなら，豪州・米国の農牧業は輸出指向型産業でありながら，高賃金国であるが故に必ずしも低コストが競争力の源泉になっておらず，いずれは「高付加価値食品を含む多様な農産物」をリーズナブルな価格で提供できる農業大国にならざるを得なかったからである。**第8-1図**は，この点を検証するために豪州と米国の牛肉・オレンジ・米の輸出額[114]

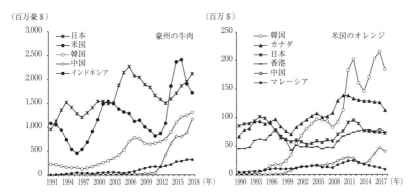

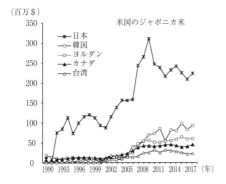

第8-1図　豪州・米国における牛肉・オレンジ・ジャポニカ米の相手国別輸出額の推移

注：輸出額は3ヶ年移動平均の中間年で示している。
　　カナダ・ヨルダンへの米の輸出量は，それぞれ米全体の30％・90％がジャポニカ米であると推計した。
資料：Australian Commodity Statistics，Global Trade Atlas

の動向を長期スパンでみたものだが，対日輸出が急増後に次第に停滞・減少する中で東アジア諸国などへの輸出が増加傾向にあることがわかる。

　まず，豪州の牛肉輸出では，1990年代に最重要の海外市場が米国から日本へ移行した後は，2000年代に入って韓国が，2010年代に入って中国が台頭し，近年は徐々にインドネシアの存在感が高まっている。米国のオレンジ輸出では，自由化を機に日本がカナダ・香港と並ぶ主要な海外市場として定着した後は，1990年代後半から韓国が急増し，2000年代に入ると中国の存在感が高まってきている。米国の米についてはジャポニカ米のみの統計がないため精度は低

くなるが，ジャポニカ米生産の大半を占める CA の輸出実績から推計すると，1990 年代半ばに絶大な地位を築いた日本に次ぐ海外市場として，2000 年代初頭に韓国と台湾が台頭している。また，中東地域のヨルダンには従来から輸出実績があったが，2005 年頃から増加が目立ち始め，CA のジャポニカ米の安定市場の 1 つに加わっている。

　もちろん，日本から東アジア諸国へと輸出先をシフトさせることができた背景には，貿易不均衡を盾にした米国による政治的圧力や長期戦略が関わっている。つまり，まずは成熟した経済大国である日本を自由化させる。そして，時間の経過とともに輸出効果が薄れてくれば，新たな市場を政治力を使ってでも開放させるということである。しかし，基本的には経済成長によって東アジア諸国に高付加価値食品を求め，かつ高値でもそれを購入できる富裕層が育ってきたことが重要で，豪州・米国には日本市場への適応過程でこれらのニーズに応えられる水準の商品が用意されていたことが輸出拡大に繋がったと解釈すべきだろう。その意味では，日本市場は豪州・米国の高付加価値食品が，成長する東アジア市場へ浸透していく上で「ゲートウェイ」の役割を果たしたといえよう。

　一方，対日仕様の経営転換のもう 1 つの成果として，豪州・米国内の消費市場への影響が挙げられる。それは，豪州・米国が高所得な先進国である以上，自国内にも高付加価値食品に対する需要が存在するからである。例えば，豪州では従来，牧草肥育による赤身の牛肉が当然のように食されていたが，1990 年代半ばの対日輸出の停滞を機に穀物肥育牛肉が国内に流通するようになった。そして，2000 年代には好景気を背景に高級品への需要が急速に高まり，穀物肥育牛肉は富裕層にとって不可欠な食材となった。CA では，オレンジの規格の統一と品質の向上が促されたが，この動きは 2000 年代に入って糖度を基準とした認証制度の確立に繋がった。これは，米国で健康志向の流れの中でオレンジ，中でもネーブルの生果需要が高まり，オレンジを単なる大衆品とは捉えない消費者が増加し，それに応えることで販売促進に繋げようとした生産者側の思惑があった。また，みかんに近いタンジェリン系の特産柑橘の消費拡大も近年の特徴だが，対日輸出は微々たるもので，日本市場との関係はほとんどない。米については，短粒米，中でも日本品種の栽培は必ずしも活発化したと

はいえないが，2000年代に入ってSBS取引が不調に終わり行き場を失った短粒米が国内に流通し，プレミアム米として認知ならびに消費される契機となった。これは，世界的な日本食ブームの中で本格的な日本食を提供しようとする際，自国にその不可欠な食材があるという点で意義深いといえる。また，日系企業との関わりの中で広まってきた無洗米の販売は，水不足のCAでは飲食店などでの業務用として高く評価され，消費の裏側を支えている。

Ⅲ．グローバル食料貿易における日本の新しい役割

　以上のように，豪州・米国による高付加価値食品の対日輸出の歴史を踏まえると，日本市場が及ぼした影響は長期的には「経営構造の転換を促した」という質的な側面の方が大きかったといえる。では，豪州・米国の牛肉・オレンジ・米産業が対日輸出を通じて得た経験，すなわち高付加価値食品の品質を「グレードアップ」し，それをいわば武器にして経済成長を遂げつつある新市場を開拓するというプロセスもしくは戦略は，他の高付加価値食品や輸出国にも当てはまるのか。

　第8-2図はこれを検討するために，先進国である米国・豪州・ニュージーランド，および新興国・発展途上国である南アフリカ共和国・チリ・フィリピンにおける対日輸出の多い高付加価値食品の相手国別輸出額の推移を示したものである。これによると，米国の牛肉は1990年代前半に対日輸出が突出した地位に達して以降は，BSE問題による輸出急減というアクシデントがあったものの，大局的にはカナダ・メキシコというNAFTA加盟国を除けば，1990年代末以降に韓国へ，BSE問題が解消した2006年以降は香港・台湾へと輸出相手国を増やしていることがわかる。豪州のオレンジについては，従来は米国と香港や東南アジア諸国が主要な輸出相手国だったのが，1990年代後半から対日輸出が増加し，2010年代には対米国の激減に対して中国への輸出が激増している。ニュージーランドのキウイについても，欧州諸国と日本向けが中心だったのが2010年代より対中国が激増し，台湾・韓国向けも増加傾向にある。したがって，先進国から対日輸出の顕著な高付加価値食品については，日本市場が東アジア市場への「ゲートウェイ」となっていることが確認できる。また，

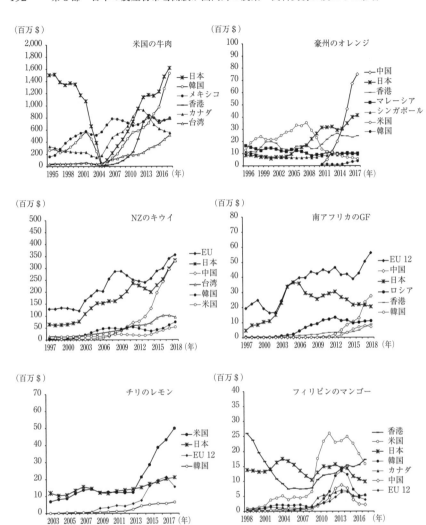

第8-2図　米国・豪州・NZ・南アフリカ・チリ・フィリピンにおける高付加価値食品の相手国別輸出額の推移

注：輸出量は3ヶ月移動平均の中間年で示している。マンゴーにはグアバ・マンゴスティンを
　　含んでいる。
　　EU12とは1993年のEU結成時の12の加盟国である。
資料：USDA Deta Products　Global Agricultural Trade System Online, Global Trade Atlas

日本の消費者が低価格という理由だけでこれらの商品を購入しているとは想定しにくいため，対日輸出の継続は輸出品の品質の「グレードアップ」に繋がっていると考えられる。

　では，新興国・発展途上国の高付加価値食品についてはどうなのか。**第 8-2図**によると，南アフリカ共和国のグレープフルーツの場合，従来は欧州向けが中心だったのが 1990 年代末より対日輸出が急増し，2000 年代に入ってロシア，2010 年代に入ると中国・韓国・香港にも輸出先を増やしている。一方，チリのレモンについては，日本と米国が 2 大市場であった状況が，2010 年代には欧州と韓国向けの輸出が拡大しており，フィリピンのマンゴーは，香港と日本が 2 大市場であった状況が，2000 年代に入って米国向けが目立つようになり，2010 年代には韓国・中国・カナダ・欧州へと多様化していることがわかる。つまり，新興国・発展途上国においても日本が極めて重要な海外市場であった時期を経た後に，東アジア諸国への輸出を伸ばすことに成功しているのである。

　これは，農産物輸出を梃子に経済成長を目論む発展途上国にとって，極めて重要な論点になり得る。つまり，対日輸出の成功は高価格で大量販売できることを意味するだけでなく，市場への適応を通じて品質の「グレードアップ」を図り，その成功体験をもとにブランド価値を高め，富裕層のいる他の市場へ，少なくとも東アジア諸国への輸出拡大を実現するという戦略になり得るからである。発展途上国による高付加価値食品の輸出は，現状では先進国からの直接投資を通じて技術移転された場合を除き，それほど多くないと考えられる。しかし，高付加価値食品の販売は収益性が高く，輸出品の幅を広げることは輸出先の多様化と輸出量の安定に繋がる。また，先進国・発展途上国間で経済格差が容易に縮まらない現状では，輸入できる国も裕福な国・地域に限定されていく可能性がある。その意味でも，発展途上国が高付加価値食品の輸出振興に取り組む意義は大きいといえる。

　少子高齢社会を迎え縮小傾向にある日本市場は，今後は世界の農産物貿易において量的な面では影響力を低下させていく公算が大きい。しかし，品質や安全性に敏感で高値を厭わない消費性向は世界的に見ても特異で，高付加価値食品の質的な「グレードアップ」の場としての機能は持ち続けると考えられる。世界中から農産物を集める機能は，アジアに限定しても日本以外に香港やシン

ガポールが有する。しかし，そこには日本の農産物はほとんど流通しておらず，日本の農産物と対比される機会はない。また，現地の消費者は日本人ほど品質にこだわった評価はしないだろう。

　世界中から高付加価値食品を集め，それが「グレードアップ」されブランド価値を持った後に，経済成長によって購買力を高めた東アジア市場へと流れる。日本での成功が次の市場開拓に繋がる。これが日本を基点としたグローバルな農産物流動の姿の1つであり，日本市場が果たしている新しい役割だといえる。

結論

　本研究は，世界最大の農産物純輸入国の１つであり，食料自給率が先進国中で最低レベルにある日本の将来の食料供給のあり方ならびに農業の進路を，過去四半世紀の農産物貿易とそのインパクトを史的に振り返ることを通じて模索したものである。その際，分析の手掛かりにしたのは，日本の農業生産の衰退を決定づけた高付加価値食品（牛肉・オレンジ・米）の市場開放が国内外の産地に及ぼした影響で，具体的には以下の３点について検討した。

　１つめは，高付加価値食品の市場開放が日本農業に及ぼした影響の解明で，産地の衰退と経営構造の改革の実態について第１部（第１章～第３章）と第３部（第７章）で分析した。２つめは，高付加価値食品の大量輸入が相手国に及ぼした影響の解明で，豪州と米国における産地の成長と経営構造の転換の実態について第２部（第４章～第６章）と第３部（第８章）で分析した。３つめは，高付加価値食品の大量輸入が世界の農産物貿易にもたらした影響もしくは役割の解明で，日本市場への輸出が量的な拡大だけでなく品質の向上と新市場の開拓にも繋がっている実態について第３部（第８章）で分析した。詳細は各章に譲るが，これらの分析の結果，日本の将来の食料供給や農業生産のあり方，ならびに政策について，以下のような論点と展望が見出せた。

　まず，日本の食料供給と農業の現状についてである。序論で述べたように，日本は1960年代に米以外の穀物と豆類の海外依存を強め，1980年代後半以降は内外価格差の拡大と市場開放を背景に野菜・果樹・畜産物などあらゆる農産物の輸入が急増した結果，現在の食料自給率はカロリーベースで40％を下回る水準にある。また，この間に農地が他用途への転用や耕作放棄によって減少し，労働力基盤も弱体化した。したがって，現在は輸入農産物なしには国内の食料需要を賄えない状況にあり，「輸入の増加が国内農業を衰退させる」といった構図は成り立たなくなっているといえる。一方で，米以外の品目は輸入数量制限を撤廃したという意味では完全自由化しているが，かといって国内農業が壊滅的な状況に陥っていないのは肉用牛飼養・柑橘栽培の現状から明らかである（第１章・第２章）。その意味では国産需要は根強く，輸入品に対して一定

の競争力があるということを証明しており，産地は農業の将来に自信を持つべきである。

　では，日本は今後どのような食料の生産・流通・消費体系を築くべきなのか。それにはまず，国産需要に応える上でも農業生産力をこれ以上低下させないことが重要だが，現状でも食料自給率が40％を下回っていることを踏まえると，輸入を前提としながら，それが滞らないよう輸入先の多様化や直接投資を含めた海外産地への関与が不可欠だろう。また，輸入農産物は食材の多様化を通じて日本の食生活を豊かにしており，究極的には輸入できるだけの購買力を日本経済全体が保持し続けることが前提となる。一方，近年は攻めの農業の一環として様々な品目で輸出促進が図られている。これは，少子高齢社会を迎え国内市場が縮小傾向にある中で，市場の拡大と収益性の向上を通じて農業労働力基盤の維持に繋がる点で意義深いし，品質やマーケティング面で海外産と切磋琢磨することは産地活力の維持にも繋がる。さらに，食料安全保障の観点からは，何よりも米生産を維持・発展させることが重要である。米は完全食の１つであり，国内自給を維持しておくことは食料有事の備えとして極めて有効である。その意味では，新規需要米の栽培で需要を創造し，生産力を維持している近年の状況は望ましいといえる（第３章）。

　では，これらの課題を達成するには，どのような政策が講じられるべきなのか。まず，貿易政策については，現状以上の市場開放，具体的には米の輸入割当の拡大や自由化，他の農産物の関税削減を行わないことである。また，現在は以下の点で，これを行える時代といえる。その１つは，米について事実上，輸入圧力がないことである。なぜなら，米の市場開放を本格的に迫ってきたのは歴史的に米国だけで，その米国でジャポニカ米を栽培しているのはCAのみで，かつ輸出余力がないからである（第６章）。その意味では，米国がTPP交渉で発した「聖域なき関税撤廃」というフレーズは一種のポーズであり，今後の貿易交渉でも冷静に対応する必要がある。また，米価下落による内外価格差の縮小と米消費が減退し続けている現状を踏まえると（第３章），国内からの自由化圧力が再び高まる可能性は高くないと考えられる。もう１つは，日本を取り巻く国際環境が自由化・市場開放圧力が強かった1980年代とは大きく異なることである。貿易収支は東日本大震災（2011年）以降，ほぼ均衡を

保っており，貿易不均衡を理由に市場開放を迫られることはなくなった。また，NIES や中国をはじめとする新興国の台頭により購買力のある市場が日本以外に多数出現し，水産物など品目によっては「買い負け」的な現象すら生じており，日本への注目度は低下している。さらに，WTO での議論が深まる中で，自給率の維持に繋がる農業保護政策が，多面的機能の観点や不足払い制度を通じて大々的に行えるようになったことも大きい。もちろん，世論の支持がなければ効果的な財政出動はできないが，乳用種肉用牛の飼養や中山間地域での稲作の維持に大きな貢献をしているのは確かである（第 1 章）。なお，日本の穀物の輸入動向は，量次第では自給率の低い発展途上国の食料需給を量的にも価格的にも不安定にしかねない。不足・過剰にとらわれず，生産が可能な環境にある以上，土地資源を有効活用すべきという根本論も再評価すべきだろう。

　次に，国内農業に対する政策としては，構造改革を促すことが重要である。これ以上市場開放しなければ現状の農業生産力が維持できるという保証はないし，少なくとも TPP は発効し，米国も政権交代が実現すれば批准する可能性があるからである。その意味では，国際競争を意識した取組みは継続する必要があり，その最たる部門が稲作といえる。TPP 推進論者からは，減反の廃止や株式会社の参入，輸出の促進などを通じて構造改革を進めるべきとの主張があるが，筆者も競争原理が働けば一定の成果が期待できると考えている。まず，減反の廃止は供給過剰状態を生み出すため，相場は確実に下落する。それにより耕作放棄や離農が増加し，産地の淘汰が進むが，その一方でコスト削減や需要拡大の経営努力を生み出すだろう。多収量米や米加工品の開発などが加速し，米産業全体では活性化する可能性が高い。次に，株式会社の参入には農地の他用途転用の懸念がつきまとうが，そもそも第 2 次・第 3 次産業に適さない立地条件下にある農地については取り越し苦労ではないか。農業振興地域なら農外転用が制限できるし，耕作放棄された場合は行政が接収するなどの条件を付しておけば大きな環境問題にはならないだろう。新規需要米を扱う米加工業者が稲作経営を兼ねるのは理にかなっているし，筆者は何よりも会社形態をとることは非農家出身者の就農に繋がる点で魅力を感じている。叶（1981）による「農業先進国型産業論」の提唱から 40 年近くが経過した現在，農地の流動化を強力に推し進める一環として資本力のある企業の参入を，地域をあげて推進する

動きがあってもよい。増え続ける耕作放棄地の中には優良農地も含まれており，流動化を通じて有効活用し，農家レベルではあり得ない大規模経営を実現すべきである。最後に，輸出については，現状は牛肉・柑橘類・米とも極めて不振といえ，今後も大幅に伸ばすには課題が多い（第7章）。しかし，3品目の中で近年，最も輸出が増加しているのは米である。最も競争力があると考えられる牛肉（和牛肉）を上回っているのは意外だが，見方を変えれば当然といえる。それは，3品目の中で最も国内生産が過剰で，輸出圧力（余力）が圧倒的に大きいからである。米の輸出が伸びないのは高価格だけが要因ではないが，稲作と米流通の構造改革や規制緩和が進めば内外価格差は縮小し，マーケティングに投入される経営資源も増加するだろう。米に注目するのは農業の活性化において最も波及効果があるからである。生産者が全国に広く大量に存在し，新規需要米政策の展開によって加工業や他部門との結び付きも強まっている。産業としての裾野が広く，起業によるビジネスの開拓が進めば，米産業は商品づくりとサービスの両面でグレードアップし，活性化すると考えられる。

　牛肉・オレンジ自由化の結果を経営構造の改革という観点から検証すれば，肉用牛部門では規模拡大によって経営の合理化が進展し，和牛では需要が拡大して収益性が高まったことが（第1章），柑橘部門では減反という荒療治によって相場は好転し，輸入品との差別化のために品質（糖度）の向上や品種開発が活発化したことが成果として挙げられる（第2章）。自由化による供給過剰と競争激化がもたらしたのは，負の影響ばかりではなかったわけだが，両部門とも産地の盛衰に大きな地域差が生じた点では共通している。米についても規制緩和を進めれば構造改革が進む一方で，収益悪化や廃業・離農が顕著になる産地が出てくると考えられる。しかしそれは「壊滅的」といった姿にはならないと考えられる。そもそも，ウルグアイラウンド時に自由化すれば米価が半値に下落すると危惧されたが（大賀編，1988；米政策研究会編，1991），30年後の今日，それが現実になっているものの，産地崩壊が目立っているわけではない。中山間地域での営農への直接支払いや相場暴落時の不足払い制度の充実など，セーフティーネットを適切に運用すれば，稲作への競争原理の導入は構造改革を促すカンフル剤となるだろう。

　もっとも，日本農業には根本的な政策課題が横たわったままという厳しい現

実がある。それは，農業後継者問題である。昨今，農業の6次産業化や農商工連携による農村の活性化が叫ばれており，地方創生の観点からは他産業との連携が重要という点に筆者も異論はない。しかし現在，最も求められているのは農業生産に直接携わり，かつ農村社会を支えることができる農業後継者である。この課題は今に始まったことではない。しかし，敢えて今，声高に提起するのは，産業としての農業の置かれた状況が悪くないからである。米以外を自由化し尽くした現在でも，土地利用型部門以外の農産物は一定の自給率を保っており，相場も悪くない。これは国産需要の底堅さを示すものだが，そこには高付加価値食品（野菜・果樹・畜産物）を中心に輸入品にはない安全性を含む質の高さがあるからである。また，生産力が容易に回復しない現状，むしろ減少し過ぎてしまった現状を考えると，今後も相場が大幅に下落する可能性は低いといえる。食料という究極のモノづくり産業である農業は生き残れる，という確信をもつことが重要である。

　後継者問題を単に労働力の問題と考えるなら外国人に頼るという方策もあるが，日本は島国でもあり，欧米のような感覚で移民が農村部に定住する姿は想像しにくい。では，どのようにして農業後継者を育成するのか。具体策の提言は筆者の能力を越えているが，少なくとも「農家の後継者」ではなく「農業の就業者」として募集・獲得する必要があろう。非農家出身者を含めIターン的な就農者の募集は既に行われ一定の成果を上げているが，農地の斡旋が隘路となっている（川久保，2016b）。農地バンクをはじめ農地の流動化を推進する政策をより強力に進める必要があるし，就農希望者が農業のドアを叩きやすくするためには株式会社を含む農業法人が日本全国で設立されることが理想である。また，ムラ社会といわれる閉鎖的な雰囲気を変えることや，農業という職業へのリスペクトの意識を高めることも重要である。

　以上が筆者なりの日本の将来の食料供給のあり方や農業の進路，政策の方向性についての展望だが，換言すれば「主食として最後の砦である米以外は自由化したのだから，あとは外圧を排して農業の維持・発展に注力すべきである」ということである。ただし，貿易は不可欠であるし，国際競争の観点を欠いてはならない。それは国内消費者のためでもある。また，外圧を排するとは言え，TPPは存在している。しかし，これはプラスに捉えるべきである。国内市場

が縮小傾向にある以上，現状維持は衰退を意味する。自由化を経てグレードアッ
プした日本産の高付加価値食品は，少なくとも国内においては海外産に対して
十分な競争力を有しているという現実に自信を持つべきで，今後は輸出を本格
的に考えるべきだろう。

　最後に，戦後の農産物貿易の拡大を通じた日本の経験は，今後，他国にも当
てはまるのだろうか。「世界有数の工業国」になる一方で「先進国中で最低レ
ベルの食料自給率国」と化し，「あらゆる農産物を輸入」する「世界最大の農
産物純輸入国」になった後，現在は「少子高齢社会を迎え市場が縮小」傾向に
ある，という歴史は実にユニークだといえる。また本書では，貿易活動を双方
向的に捉えることを通じて，日本市場が世界の農産物貿易に果たした役割には，
これまでの「大量・高値での購入」に「質的なグレードアップの要求」と「成
長する東アジア市場へのゲートウェイ機能」が加わったことを明らかにした（第
8章）。今後，日本のような経済成長と食料需給・人口推移を辿る国が現れる
のか。また同様の役割を果たす新興国や圏域は現れるのか。「対先進国」と「高
付加価値食品」に特徴を持つ日本の農産物貿易がもたらした経験や結果を他山
の石とし，今後，諸外国で発生する食料問題が極小化されることを期待したい。

　1980年代に世論を二分しながらも幾多の貿易交渉を経て米以外の輸入自由
化が完了した現在，日本の農業・農村・食料は何を失い，何を得たのか。これ
が，筆者が長年問い続けてきたテーマであった。本書がそれにどれくらい答え
られたのか。受け止め方は，農村の生産者なのか，都市の消費者なのかで大き
く分かれるだろう。むろん，筆者は農村の側の立場で本書を執筆しているので，
失ったものの大きさを実感している。しかし，繰り返しになるが，今日の農業・
農村はもはや外圧に戦々恐々とする状況にはない。ただそれが，日本経済のプ
レゼンスの低下によるものであれば，必ずしも歓迎すべきことではない。よっ
て，今後は長年の市場開放・輸入圧力の中で鍛えられた強さを武器に，攻めに
転じるべきである。競争原理の導入で構造改革を進め，それを海外市場の開拓
に繋げるという発想で農業・農村が活性化されることを祈念して，本書を閉じ
ることにする。

補論
―ポストコロナの日本農業―

　中国で発生した新型コロナウイルス（COVID-19）感染症は 2020 年に入ってグローバルスケールで伝染・拡散し，日本でも 2 月には日常生活に制限が必要な事態となった。その後，半年以上が経過したが収束の道筋は見えず，経済社会の混乱は続いている。このような中，コロナ禍が日本の農業・農村・食料にもたらす影響を見通すのは時期尚早ではあるが，それでも幾つか分かってきたことがある。そこで以下では，補論として筆者なりにコロナ禍に直面している日本農業の現状とポストコロナを見据えた課題や将来を展望してみたい。

　さて，いうまでもなく現在のコロナ禍は近年，経験したことのない事態だが，その最大の特徴は「人の移動・交流の長期にわたる厳しい制限」にあるといえる。したがって，最も大きな影響を受けているのは人に関わる対面型の産業であり，これがグローバルレベルで生じている点に問題の複雑さや深刻さがある。具体的には，観光・交通および小売・飲食などの産業がこれに該当するが，農業にもその影響は及んでいる。それは，観光農園の営業難，飲食店やイベント向けの業務用食材や外国人観光客にも人気のあった和牛肉・マグロなどの高級食材の需要減に直接的に現れた。また，長期にわたる臨時休校で学校給食用食材が廃棄される事態に陥ったこともその 1 つである。では，ウイズコロナと言われる現在，日本の食料流通や農業生産の現場にどのような変化や問題が生じているのか。以下では，コロナ禍がもたらしたグローバルレベルの混乱と国内レベルの農産物需給の変化について検討する。

　まず，グローバルレベルでは農産物の生産および貿易が例年通り行われているのかが重要だが，この点についてはそれほど大きな問題が生じているという報道は聞かれない。日本についても，輸入依存度が高い穀物類（小麦・大豆・トウモロコシ）の輸入量は安定しており，本稿で取り上げた牛肉・柑橘類では柑橘類が若干減少している程度である（日本貿易月表より）。野菜類については，メキシコ・韓国産の果菜類の入荷が 4 月以降大きく減少し相場も高騰し続けているが，中国への依存度が高い根菜類や葉茎菜類，土物類，香辛つま物類など

の3～5月の入荷減は，価格高騰と言えるほどの事態をもたらしてはいない（東京都中央卸売市場年報より）。したがって，コロナ禍によるグローバルフードチェーンの混乱は，少なくとも日本と関係国の間ではほとんど生じていないといえる。しかし，この背景には日本の輸入品目の多くがアグリビジネスによる機械化の進んだ大規模経営から産出されていることがあり，労働集約的な品目については国際的な労働力移動の制限の影響を受けて今後は不安定になる可能性がある。

　一方，近年「攻めの農業」として注目されている輸出については，全体的に不振である。主要品目で2020年1～9月の輸出量が過去数年の増加傾向を維持しているのは東・東南アジアで家庭向け消費が伸びたとされる米だけで（農林水産省HP「米の輸出について」より），牛肉・緑茶は微増しているものの，りんごや清酒は大きく減少している（日本貿易月表より）。これは，輸出市場の開拓史が浅く日本産の多くは定番品として浸透しておらず，海外バイヤーの招聘や輸出先での商談会，販促活動が事実上，実施できていないことが影響していると考えられる。また，日本産の多くは「高級品＝高値」を前提としており，世界的に景気が悪化する中では需要を伸ばすのは容易ではないだろう。

　では，国内にはどのような影響が出ているのだろうか。まず，卸売市場等での相場から各農産物の需給バランスの変化を検討すると，幾つかの傾向が読み取れる。まず，主食の米については2020年産米の価格は下落が予想されており（日本農業新聞HPより），この要因として外国人観光客の激減と業務用（外食・中食向け）需要の減少が在庫の増加に繋がっていることが指摘されている。副食では，畜産品では牛肉以外の肉類と卵・乳製品の小売価格は例年と比べて大きな変化はないが（小売価格統計調査より），野菜類は入荷量が減少している品目では価格上昇がみられる。中でも，根菜類やキャベツ類，レタス類，果菜類は4月以降高騰が続いており（東京都中央卸売市場年報より），外国人技能実習生の入国難による国内産地での収穫ロスが影響している可能性がある。

　一方，嗜好品の相場はどうか。贈答品にもなり得る高級品には大きな影響が生じると懸念されたが，ハウスみかんや桜桃，アールスメロン，マンゴーなどの果実類は例年と比べて大きな差は出ていない（東京都中央卸売市場年報より）。しかし，外国人観光客にも人気の高かった和牛肉やマグロは価格の下落

が大きく（食肉流通統計および東京都中央卸売市場年報より），農家・漁家の経営に深刻な影響を及ぼしていると考えられる。したがって，コロナ禍が農産物の需給バランスに及ぼした影響は現状では限定的であり，かつ一般消費者の食生活の面でも大きな混乱は生じていないといえる。

　しかし今後を念頭に置くと，農業生産の現場には大きな課題があることが浮き彫りになった。それは労働力問題である。日本では２月末より外国人の入国制限を本格的に始めたが，それによって春先以降に収穫・出荷・調整および植付作業の補助労働力として予定していた外国人技能実習生が来日できなくなった。このため，葉物野菜の出荷を断念したり，作付面積の抑制や省力的作物への転換がなされるなど（石田，2020），農家経営に大きな影響を及ぼしている。これに対して，中央高地や中国地方の野菜の産地では，旅館業や土産物製造業で自宅待機となった者（例えば，軽井沢のキャベツ・レタス，鳥取のラッキョウ・スイカ）やアルバイト先を失った学生などを代替人材として雇用する動きがみられ，地域内における連携事業が一定の効果を上げている（石田，2020）。しかし，秋以降には四国や九州で野菜や果樹で本格的な収穫期を迎えるため，例年通り収穫労働力を集められるか懸念されている。今後，外国人の入国規制が段階的に解かれていくとしても，技能実習生がどの程度優先されるのか不透明な中で労働力の地域内調達が機能しない産地が出てくれば，次第に国産品の需給逼迫で価格高騰をもたらし，消費者にも影響を及ぼしかねない。

　では，農業生産の現場ではポストコロナを見据えてどのような経営戦略の実行が求められているのか。コロナ禍で露呈した労働力問題は「外国人技能実習生の来日難」が要因ではあるが，そもそもこのような形の労働力補完を望ましいと考えていた産地はなく，その意味では雇用労働力への依存度を下げることが最重要課題といえる。ただ，この課題は従来から存在するもので，解決は容易ではない。しかし，コロナ禍で生じた新たな環境は，これまでとは異なるアプローチでこの課題に取り組む契機になったといえる。それは，従来は農業に無縁であった他産業従事者が農作業に関わったことである。これらの臨時援農者の大半は，コロナ禍が去り景気が回復すれば元の産業に回帰すると考えられるが，農業に「産業としての魅力」を見い出せば新規就農に繋がる可能性がある。また，都会からの一時的なＵ・Ｉターン者にも農業や農村環境の魅力を伝

えることができれば，補助労働力の獲得に繋がるだろう。SNSを通じたマッチングサービスが普及している現在，他産業から新たな人材を獲得する芽は生まれているといえよう。

　一方，従来から行われている新規就農者支援事業の意義も一層高まっている。それは，リーマンショック（2008年）後に端的に現れたように，景気の後退と新規就農者の増加には相関があるからで，今回のコロナ禍による不況でも同様の動きが生じる可能性がある。ワクチンや治療薬に目途が立たない現状では，オンラインでの就農相談しか行えず，現地での研修や就農体験などの段階には進めないというジレンマもあるが，農業・農村への関心の芽を育てる努力を怠ってはならない。また，過去10年の新規就農者数は増加傾向にあるが，その中心は自家継承ではない就農（雇用就農・新規参入）者である（農林水産省「新規就農者調査」より）。これは，農業が家業から「産業」に脱皮する動きとして極めて意義深いが，最大の問題は農地の斡旋である。新規参入者は年齢的に若いほど自己資金が少なく，自宅や農地の取得に窮する。また，技術的に未熟であるほど優良農地での営農開始が理想であるが，通常，新規参入者に優良農地が斡旋されるのは稀である（川久保，2016b）。その意味では，就農支援は農業技術と優良農地の斡旋がセットになった形で行えるように「農地の出し手」となる離農予定者との交渉が必要といえる。

　さらに，農地の基盤整備や農作業の省力化・機械化を進めることも重要である。これは，必要労働量を削減すると同時に重労働からの解放を意味し，高齢者の営農延長と非農家出身者の体力面での参入障壁を低くする。労働・労務条件の改善は，農業と他産業の就業環境の差異を小さくし，若者に「就職先」として選ばれる可能性を高めることに繋がるだろう。ただし，労働生産性は経営規模との相関が強く，やはりここでも農地の斡旋・流動化が鍵となる。その意味では，離農予定者を交えて将来の地域農業や集落像を構想する必要がある。

　以上，筆者なりにコロナ禍の現状とポストコロナを見据えた課題について述べたが，本書が世に出た頃には状況が変わっているかもしれない。ただし，コロナ禍による経済・社会の混乱は農業・農村の意義を再確認させる契機になったという評価はできるだろう。農業は，農村空間で自然を相手に営む「国民の食を担う」かけがえのない産業であるという側面がもっと強調されてもよいし，

リスペクトもされるべきである。

　最後に，本書との関係で付言すれば，結論の部分で「今，農業の置かれた状況は悪くない」と述べたが，それはコロナ禍でも揺らいではいないだろう。牛肉相場の下落についても，子牛の自家保留で飼養規模拡大とコスト削減を進める契機にすべきで，巣ごもりによる家庭食の増加は和食の再評価や米粉を使ったお菓子作りなど新たな需要の創出に繋がるよう啓蒙する機会にできるのではないだろうか。

注

序論

1）高柳（2006）では，単価が高く鮮度保持が要求される生鮮野菜や果物，酪整品，魚介類などを高付加価値食品とし，先進国やNIESでの中高所得者層の増加によって貿易が拡大し，それらの供給国も多極化していることが指摘されている。豊田（2001）でも，果実・野菜・牛肉・酪農製品を付加価値産品とカテゴライズし，食料消費の多様化・高度化に伴って主に先進国相互間で貿易が行われてきた点に特徴があるとした。また，中窪（2017）では，発展途上国から先進国への高付加価値食品の輸出事例としてフィリピン産のマンゴーが取り上げられているが，そこでは高収益の一方で植物検疫を含めて求められる品質の高さがネックとなり，輸出量が伸び悩んでいることが明らかにされている。

2）ただし，この点に関しては菊地（2008）や姚（2015）で明らかにされているように，中国では残留農薬問題が発覚した後は安全性確保の取組みが強化され，2年後には再び対日輸出が軌道に乗った。また，冷凍餃子事件発覚による輸出の落ち込みは拡大しつつあった中国国内での食品需要に販路を転換することで事なきを得ており，対日禁輸は中国の農業・食品加工業で食の安全や品質管理を徹底する契機となったという見方ができなくもない。

3）水産物に対象を広げると，1970年代より米国でサケ・マス・カニなどの冷凍加工や缶詰製造のための直接投資が行われ，開発輸入が行われている（島田ほか，2006）。

4）第二次フードレジームとは戦後に巨大な食料供給者として台頭した米国に依存した農産物貿易体制で，1970年代初頭まで続いたとされる。この体制下では，欧州・日本・第三世界などあらゆる地域が米国から穀物・油糧作物を大量に輸入したため，自国の伝統的な農業は衰退し慢性的な輸入依存に陥った国も多かった。なお，第一次フードレジームとはイギリス中心の帝国主義に基づいた農産物貿易体制で，1870年代に成立した。この体制下では，南北アメリカやオセアニアなど温帯の植民地に穀物と食肉の新たな産地が生まれ，アジア・アフリカなど熱帯の植民地ではバナナ・コーヒー・天然ゴムなどの輸出作物への生産の特化が図られた（バーンスタイン，2012；荒木，2017）。

5）小澤ほか（2001）によると，欧米では1990年代末以降，米食の風習のない白人やアフリカ系アメリカ人が，インディカ米とジャポニカ米の食味の違いを意識した消費行動をとるようになった。それは，寿司に代表される日本食レストランでジャポニカ米が使われていることや，小売段階でジャポニカ米がインディカ米の2～6倍の高値で販売されていることに現れており，最も評価が高いの

は米国カリフォルニア産であるという。

6) 高付加価値食品としての性格を持つのはジャポニカ米だけだが，本研究で分析するのは基本的にジャポニカ米の貿易および生産・流通・消費であるため，以下の本文中では単に「米」と記す。

第1章

7) 農林水産省「畜産物生産費」によると，乳用肥育経営の家族労働報酬（主産物価額＋副産物価額－第2次生産費＋家族労働費）は，1990年の1頭当たり11.5万円から1995年には4.6万円へと激減している。また，乳用種の飼養農家数はこの5年間で2.3万戸から1.2万戸へと50％近くも減少した（畜産統計より）。

8) 若本（1999）によると，鹿児島・宮崎に次ぐ肉用種産地であった岩手県では，自由化後の価格下落によって，日本短角種の飼養減と内陸南部の小規模経営の廃業が著しく進んだ。

9) 1991年の九州地方の上位3県の1経営体当たりの飼養頭数の平均は9.8頭であったのに対して，東北地方の上位3県は7.0頭だった（畜産統計より）。また，中国・四国・近畿地方は他地域より労働市場の発達地に近く，後継者の流出が顕著にみられたことも一因にある（新山，1998）。

10) 高橋（1997）によると，群馬県では自由化直後に乳用種の飼養が大幅に減少する中で交雑種の割合が急速に高まり，主要産地の1つである榛東村では小規模な乳用肥育農家の相次ぐ廃業と，規模拡大にともなう飼料自給率の低下（飼料栽培の放棄）が報告されている。

11) 「畜産統計」によると，1991～2011年にかけて北海道では乳用牛の飼養頭数は5％しか減少していないが，関東・中部地方では栃木県（20％減）と茨城県（39％減）以外ではすべて40％以上減少している。

12) 北海道では，経済農業協同組合の連合会であるホクレンや開拓農業協同組合の連合会であるチクレンを経由した牛肉の産直事業が2003年以降に活発化し，十勝地方では士幌町・芽室町・足寄町産の乳用種牛肉が道外のスーパーや生協で流通している（安部，2004，2007；加藤，2011a・b）。

13) （株）吉田ハムは岐阜県に本社を置く中堅の総合食肉流通業者で，牛肉では和牛は「飛騨牛」，国産牛は「しほろ牛」を中心に取り扱っている。このため，士幌町産の牛肉は営業上不可欠であり，士幌町農協は一定の価格交渉力を有していると考えられる。

14) 2011年時点で，士幌町には飼養頭数500頭以上の経営体が20あり，うち12は肉牛センターに入居しており，規模的には1,000～2,000頭台の肥育経営が多かった。そこで，調査においては士幌町農協から規模に偏りがないように調査先の紹介を受け，7つの経営体に対して聞き取りを行った。

15) この制度には，乳用種の場合，初生牛を約6ヶ月齢まで飼養する育成経営の赤

字を補塡する肉用子牛生産者補給金制度と，その後19ヶ月齢まで飼養する肥育
経営の赤字を補塡する肉用肥育経営安定特別対策事業（通称マルキン事業）の
２つがある。前者は家畜市場での子牛取引価格を，後者は飼料等の生産費を基
準に支出額が決定されている。

16）現在のマルキン事業が始まった2001年以降の11年間で赤字補塡金が交付されな
かったのは，2004〜2006年の３ヶ年に過ぎない。

17）例えば，調査農家９戸のうち６戸で畜舎の建設に農林水産省の補助事業を活用
している。その時期は1970年代に10件，1980年代に１件で，これによって約
1,600頭分の畜舎が建設された。

18）現在，生協向けの販売割合は約45％で低下傾向にある。この背景には，割高な
価格に加えて購入者の高齢化による消費減があるという。

第２章

19）1990年代末から南半球産の輸入が増加した背景には，米国と季節が逆になるた
めネーブル種を鮮度の良い状態で供給できたことに加えて，検疫条件の緩和（収
穫後の果実に対して課す低温処理を輸送中の船舶で行うことを認める）がなさ
れたことがある。

20）もっとも，米国が自由化を迫る中で建前論的に主張していた「日本の消費者に
安価なオレンジを購入する機会を与える」という点は実現できたといえる。また，
果汁の輸入に関しては，米国系企業がブラジルでの果汁生産・流通に関与して
いる以上，米国の国益に繋がっていると言えなくもない。

21）裾物（大玉・小玉・傷果）みかんを商品化するための農協系工場は愛媛県など
で1960年代には既に始まっていた。しかし，本格的な搾汁機能を持つ工場が全
国14県（神奈川・静岡・三重・和歌山・広島・山口・徳島・愛媛・福岡・佐賀・
長崎・熊本・大分・宮崎）に展開したのは，みかんの生産過剰の顕在化を受け
て政府の果実加工需要拡大緊急対策事業（1970〜1974年）による建設費助成が
始まって以降である。

22）農協系工場の購入価格が保証基準価格を下回った場合，その差額の90％が補塡
される。これによって，農家は加工向けみかんの販売からも一定の収益を確保
でき，農協系工場も原料みかんの価格高騰による経営圧迫から免れることがで
きた。

23）本格的な操業から20年以上経過した1990年代前半でも，農協系工場が製造して
いる清涼飲料の自己ブランド製品率は20％以下であった（川久保，1997）。

24）加工向けみかんの農家手取額を考える上で，工場購入価格は重要な意味を持つ。
なぜなら，政府が補塡する額はシーズン終了後の夏期に支払われる上に，シー
ズン前に契約した量を超過した部分については支払われないからである。した
がって，出荷後しばらくして受け取る工場購入価格でもって加工向けみかんか

らの収入を判断する農家も多い。

25) みかんからの転作は，1990年代までは清見や不知火などみかんより大玉のタンゴール系の品種が選ばれていた。しかし2000年代以降は，皮がむきやすく手ごろなサイズの甘い果実を求める需要に応えて，みかんやポンカンなどマンダリン系との交配品種のリリースが増加し，名称も女性をイメージさせる愛称的なものを採用するなど一層多様化が進んでいる。

26) 東予地方では特に，1977年と1981年の冬季の異常低温による果実の凍結・樹体の枯死の被害が大きかった。

27) 調査農家での聞き取りによると，集出荷業者がみかん販売に熱心な一方で，丹原町を管轄するJA東予園芸は生産調整期に入って以降は，販売に苦戦を強いられているみかんから，次第に特産物である柿の販売を重視するようになったという。

28) **第2-3表**には記載していないが，筆者が訪問調査を受け入れてもらえなかった小規模農家の中には，「高齢者しかいなくて，みかん園も放任している」ということを断りの理由に挙げるケースが多かった。したがって，放任園を出している高齢農家の潜在数はかなり多いと考えられる。

29) 調査農家での聞き取りによると，伐採のための機械も労働力もない高齢者のみの農家が，自園地の廃園を業者に依頼すれば10a当たり30万円程度は必要であるし，減反奨励金を受け取れば廃園後の土地管理が義務付けられるため，廃園に踏み切れず放任に至った農家も多かったという。

30) 自由化移行期の廃園・放任園には中晩柑類も多く含まれているが，愛媛県では中晩柑類も果汁加工向けに積極的に集荷し製品化している。

31) 放任されたみかん樹は3年程度で枯れるものの，その間に病虫害の巣になり周囲の園地の営農環境を大きく悪化させる。

32) ちなみに，1985～1994年の10年間におけるJA東予園芸の農協共選の普通温州みかんのkg当たり農家手取額の平均は68.6円で，50円未満しかなかった年度が5度もあった（JA東予園芸資料による）。

33) 愛媛県が果汁加工事業に積極的な背景には，みかん生産量で日本一の座を堅持したいという思惑と，農協の出資者である各農家に極力，加工事業の利益を還元すべきだという理念が強かったことが挙げられる。

34) 傾斜地に比べて平坦地の園地は，一般にみかん樹の根が深く張るため大きな樹が育つ。したがって，単位面積当たりの収量を多くすることが可能で，この意味でも平坦地は加工向けみかん栽培の立地条件として優れている。

35) 農協系工場はボトラーからのOEM製造の受注などで飲料メーカーとしては存続しているが，柑橘系飲料の大半はみかん果汁とオレンジ果汁のブレンド製品として販売されている。一方，2000年以降には，高糖度果の厳選や手搾りなどを謳った高級みかん果汁を製造する地場企業が柑橘産地から簇生するようになり，廉価な輸入果汁製品とは一線を画す形で成長している。

第3章

36) MA米の収支については，農林水産省HP「米をめぐる関係資料」に詳しい。これによると，売買損益と管理経費を合わせた損益合計は在庫が嵩み始めた2003年度以降に急速に悪化し，2017年度までの年平均損益はマイナス270億円にのぼっている。

37) 農林水産省HP「MA一般米入札結果の概要」によると，2009年以降の米国産は100％がカリフォルニア州産の中粒種うるち米で，タイ産も2010年以降は97％以上が長粒種うるち米である。

38) 中国では，経済発展による生活水準の向上によって「粘りがあり，香り・食味のよい」ジャポニカ米の需要が増加しており，価格の上昇も続いている（倪，2012）。

39) 農林水産省HP「米をめぐる関係資料」によると，一般MA米の保管量は年に1トン当たり1万円であり，近年は毎年80億円程度の出費となっている。一方，販売が好調な飼料用米は，競合するトウモロコシ等との関係から1トン当たり2万円程度でしか販売できないことから，数万円以上が見込まれる加工用より財政負担が大きくなる。

40) 米国では米消費の大半が長粒米で，ジャポニカ米の栽培が盛んなカリフォルニア州でも中粒米の栽培が90％以上を占めている。このため，短粒米を増産したとしてもSBS取引の不調の結果，対日輸出が叶わなかった場合は，販売先を失う可能性が高く，日本の輸入業者との間で契約された量しか生産しないのである。

41) その中心は黒龍江省で，主に北海道・東北地方の品種と育苗・移植技術が持ち込まれたことで冷害に強い米作りが可能になった（村田，2001）。

42) 当時の新聞記事をネット検索すると，西友が関東地方と静岡県の店舗で中国産の米を国産より30％安で販売したとあり，松屋や吉野家はそれぞれ豪州産，米国産の米を国産とブレンドして牛丼用に用いたという。

43) USAライス連合会では当初，カリフォルニア州産のコシヒカリやあきたこまちの販促を行っていたが，2007年より「国産」にセンシティブな日本市場で消費の棲み分けを図る意味で方針転換した。またその際，販促の内容もカルローズを使ったリゾット・カレーなどに加えてCal Bowl（サラダ感覚の丼ぶり料理）などの新メニューをレシピ付きで紹介したり，国際食品展などで試食イベントを開催することに力点を置くようになった。

44) SBS取引における砕米の割当量は従来1万トンであったが，2008年以降は一般米の落札不調が続く一方で砕米の需要は堅調であったため，近年は割当量を超えた輸入が常態化している。

45) 佐伯（2003）では，世界の主要な米生産国では短粒・中粒・長粒米が交錯し，時代によって主役が交代しているが，日本では主役が常に短粒米であり続けてきたことがその一因であるとしている。

46) 稲発酵粗飼料とは，稲を使ったホールクロップサイレージ（稲の子実が完熟する前に穂部と茎葉部を同時に収穫して細断・密封し，乳酸菌により発酵させたもの）のことで，粗飼料として牛への給餌に適している。

47) 例えば，加工用米の10a当たり収量が600kgで価格が150円／kgの場合，農家の収益は売上9万円＋補助金2万円の計11万円となるが，飼料用米の場合は収量が同じで価格が30円／kgとすると，売上1.8万円＋補助金8万円の計9.8万円となる。

48) 主食用玄米として流通するのは通常，1.8〜2.0mmの篩にかけて残ったもので，1.7mmの篩で落ちたものは特定米穀とされ（収穫量の2〜3％），もっぱら加工用となる。また，1.7〜1.8mmの篩で残ったものは「中米」と呼ばれ（収穫量の1〜2％），弁当業界など外食産業で主食用に用いられたり，加工用に用いられたりする。

49) 農林水産省HP「米をめぐる関係資料」によると，食料援助を除く米の輸出は香港・シンガポール・台湾を中心に，2011年の2,129トンから2017年の11,841トンに増加している。また，輸出単価は日本貿易月表によると1俵当たり18,000円程度と高く，富裕層をターゲットにした日系レストランなどでしか流通していないと考えられる。

50) 米菓の輸出が伸びない理由として，容量の割に低価格で輸送負担力がないことも挙げられる。また，海外で米菓の需要が伸びていないわけではなく，業界1位の亀田製菓（株）は1989年の米国への進出を皮切りに2000年以降は中国・タイ・ベトナムにも進出し，現地生産を行っている（亀田製菓HPより）。

51) 特定米穀の価格は変動が激しいが，2013〜2015年はkg当たり40〜60円程度であった。ちなみに一般MA米の落札価格は米国産中粒米の場合，80〜100円で推移している。

52) この時期に飼料用米が減少した背景には政府が備蓄米の生産を誘導したことがある。また，備蓄米は一般に凶作が生じない限り2〜3年後に放出されるため，それが2014〜2015年の飼料メーカーでの原料米の取扱量の急増に繋がった側面がある。

53) 2014〜2015年に新規需要米率が低下しているのは，JA北日本社が穀倉地帯の東北地方にあるが故に，優先的に政府払下げ備蓄米が配分される機会が多かったからである。

54) 「飼料用米に関する日本飼料工業会のメッセージ」（2014年）には，輸入トウモロコシ価格以下で安定供給されることを前提としつつも，商系メーカーには現状で年間約41万トンの飼料用米需要があり，積極的に購入する意思があると記されている。

55) 農林水産省は，調整や給餌方法の工夫なしに米を飼料に用いることができる量は約450万トンと試算している。

第4章

56）1970年代初頭には日本の輸入牛肉の80％以上が豪州産であったが，1980年代に入ると米国産のシェアが40％近くにまで高まった。この背景には，米国の政治的圧力もあったが，日本市場の需要が穀物肥育牛肉に移行していることも大きいとされた（Ufkes, 1993）。

57）対日輸出の増加が一段落した1997年時点における両州のFLを比較すると，QLDでは肥育期間が130日未満のFLが70％以上を占める一方で，NSWには肥育期間が180日以上というFLが45％も存在していた（Today's FEED LOTTING誌1997年10月号より）。

58）豪州では，NSWやVIC（ビクトリア州）など温帯域に属する地域では英国から持ち込まれた温帯種の肉用牛，例えばアンガス・マリーグレー・ヘレフォードなどの飼養が一般的だが，大半が熱帯と乾燥帯に属するQLDやノーザンテリトリーでは，干ばつや高温に強く，ダニに耐性がある熱帯種の肉用牛，例えばブラーマン・サンタガタルース・ドラウトマスターなどの飼養が大半である。

59）リベリナ地方には，NSWとVICの州境ともなっているマーレー川の支流であるマナムビジー川が東西に貫流しており，流域には灌漑施設が充実している。このため，干ばつ時にも飼料穀物が安定的に確保できるという利点が存在している（鈴木・石橋，1995；Chappell, 1995）。

60）対米輸出が回復した背景には，1995年に米国の食肉輸入法が撤廃されたことにより対米輸出自主規制が解除されたことや豪ドル安に転じたことがあり，対韓国輸出の増加には韓国の自由化の実施と米国産牛肉のBSE問題による禁輸・制限が豪州からの輸出の追い風になったことが関係している。

61）日本の食肉流通業者への聞き取りによると，この時期には低等級に格付された和牛肉の一部が低価格で流通し，ごく稀にステーキを食すなら和牛肉で，牛丼や焼肉は低価格な輸入牛肉でという消費スタイルが現れてきたという。

62）MLA, Lot feeding briefによると，2012年の穀物肥育牛肉の輸出量に占める日本向けのシェアは65％程度に，2018年には50％程度に低下している。

63）穀物肥育牛肉の消費の高まりは，霜降り肉の究極である和牛への関心を高めることになり，この時期にはシドニーなどの大都市では"WAGYU"と銘打った牛肉が高級食材としてデパートや食肉専門店，高級レストランなどで供されるようになった。

64）Aus-Meat ／ MLA, feedback誌によると，1993年には豪州国内のアバトア上位12社の中に日系企業は3社ランクインしており，枝肉生産量に占める3社のシェアは19％であった。その後，日系企業のシェアは1990年代後半に30％近くにまで高まったが，2004年にはランクインは2社に減少し，シェアも14％に低下した。

65）韓国への輸出も大半は冷凍輸送の牧草肥育牛肉であり，相対的にQLD北部の肉用牛飼養の活性化に貢献したと思われる。

66) QLD北部の肉用牛は，輸出のためにブリズベン港まで長距離移動させるコストや輸送中の牛の健康管理などの面で大きなハンディを負っている。その点で，生体牛をノーザンテリトリーのダーウィン港から東南アジアへ輸出できることのメリットは大きい（豪州系企業からの聞き取りより）。

67) 豪州では，輸入した飼料穀物は防疫上の理由から入港地とその近隣の農村部で加熱等による処理をした後にFLに運ばねばならず，コスト高の要因になっていた（鈴木・石橋，1995）。

68) ABARE, Crop Reportによると，1990年代以降の20年間で小麦・大麦・ソルガムの生産量はそれぞれ，1.38倍・1.49倍・2.25倍程度に増加した。また，2000年以降の10年間の小麦・大麦・ソルガムの国内向け販売量に占める飼料向け割合はそれぞれ，50％・86％・99％であった。

69) 豪州で飼養されている肉用牛の品種を調査したものは1987年以降公表されていないが，そこでは純粋種では熱帯種の方が若干温帯種より多く，交雑種ではブラーマンと英国種によるものが最も多かった（長谷川・南正覚，1993）。

70) Angus Australian Journal誌によると，2000 ～ 2009年におけるアンガスの種雄牛の州別の取引価格の平均は，QLDが3,562ドル，NSWが4,252ドル，VICが4,003ドルであった。

71) QLD北部でアバトアの廃業が増加した要因として，1990年代後半より活発化した東南アジア諸国等への生体牛の輸出によって屠畜牛の供給が減少し，稼働率が低下したことも挙げられる（鈴木，1997）。

72) 第4-10図で示した肉類の輸出量には羊肉なども含まれているが，肉類に占める牛肉の割合は1988年以降70％前後と高水準で安定しているので（Agricultural Commodity Statisticsより），大きなトレンドをみる上では差し支えないものと判断した。

73) 例えば，豪州で最大のFL収容能力を有するJ社はFLをNSWに2ヶ所，QLDに2ヶ所所有しているが，肥育牛は最終的にはQLDのダーリングダウンズにあるFLに運ばれて仕上げられた後，併設されたアバトアで食肉処理される。また，日系で最大規模を誇るN社もタスマニア州に繁殖用牧場を持ち，濡れ子を哺育した後はNSWの育成牧場で肥育用素牛を飼養している。そして，仕上げの肥育をダーリングダウンズのFLで行った後，QLD南東部のアバトアで食肉処理している。NSW北東部にFLを持つ日系M社も，創業時から屠畜はダーリングダウンズのアバトアに委託しており，NSW以南で飼養された牛が飼養段階が上がるにつれてQLD南東部に移動することは珍しくない。

第5章

74) オレンジ果汁の輸入も自由化後に増加したが，第2章で論じたようにそれを担ったのはブラジル産であり，米国産の輸入は2000年以降は激減し，現在はほぼ

なくなっている。このため，本章では生果に限定して分析を進める。

75) Census of Agriculture（2012年）によると，これら4州に次ぐのはハワイ州とルイジアナ州だが，ともにその全米シェアは1％未満である。

76) 本稿では，オレンジ・グレープフルーツ・レモン・ライム以外の柑橘類を特産柑橘としてカテゴライズする。また，特産柑橘の中のより細かいカテゴリーとしては，タンジェロ類・タンジェリン類・タンゴール類・ポメロ類の4つに区分する。ちなみに，タンジェリン類は上記4区分の中では果実のサイズが最も小さく，外観上はみかんと大差のない品種も含まれている。

77) Sunkist Annual Reportによると，サンキスト社の生果オレンジの輸出率は，ネーブルでは1990年代は約16％，2000～2009年は約24％，バレンシアでは1990年代は約36％，2000～2009年は約37％で，いずれも輸出依存度は上昇傾向にある。

78) （社）日本青果物輸入安全推進協会『輸入青果物統計資料』によると，グレープフルーツのCA産のシェアは1990年代前半には20％以上あったが，1990年代後半には15％程度に，そして2000年代に入ると10％未満に低下している。

79) リバーサイド郡に隣接するオレンジ郡とサンバナーディノ郡を南CA地域に含めると，サンキスト加盟率は1992年の56％から2005年の63％へとさらに高まっている。

80) Census of Agricultureによると，ベンチュラ郡とリバーサイド郡では1987年以降は農地が減少しているし，ロサンゼルス郡とサンディエゴ郡との間にあるオレンジ郡ではオレンジ栽培はほぼ消滅してしまった。

81) （財）中央果実基金（1998）によると，1991年のネーブル農場の価格は，サンワキンバレー地域で1エーカー当たり8,500ドルであったのに対して南CA地域では18,000ドル，バレンシア農場の場合はそれぞれ，8,600ドルと18,000ドルであった。

82) University of California, Agriculture & Natural Resources Cooperative Extension, Southern Countiesでの聞き取りによる。

83) California Citrus Acreage Reportによると，バレンシア価格の下落が定着し始めた1994～2002年にかけて南CA地域で植栽されたオレンジの内訳は，ネーブル242エーカーに対してバレンシアは1,969エーカーで，2003年以降はネーブル・バレンシアとも植栽は激減している。

84) 自由化以前は輸入オレンジとみかんの流通時期の重なりを小さくするために，輸入割当の70％以上は4～9月に設定されていた。また，関税率も6～11月は20％，12～5月は40％と大きな差があった。

85) JETRO「貿易統計データベース」によると，1990年代初頭の香港へのオレンジ輸出は，バレンシアと考えられる5～10月の割合が50％を超えていた。また，Valencia Orange Administrative Committee資料によると，1980年代後半の香港への輸出は90％以上が南CA地域からなされており，この背景には香港市場で安価な小玉の果実の需要が強いことがあった（CAの輸出業者での聞き取りより）。

86) 日本への輸出の中心は当初は，ポメロ類のメロゴールドやタンジェロ類のミネ

オラといった大玉・中玉系の品種が多かったが，2010年代に入ってクレメンタインやWマーコットなど小玉系の品種も増加してきた。

87）Sunkist Annual Reportによると，レモン販売の内外価格差は2000〜2009年平均で1トン当たり221ドルであるのに対してネーブルは141ドル，バレンシアは81ドル，グレープフルーツは9ドル，特産柑橘は21ドルであった。

88）この地区におけるグレープフルーツの収穫は気候条件の影響から主に6〜9月に行われるため，「サマーグレープフルーツ」と呼ばれている。この時期はフロリダ産グレープフルーツの出荷期終盤に当たるため，フロリダ産の出荷の終了が早かった年などは高価格で販売できるメリットがある（Sunkist Annual Reportより）。

89）Mauk（2004）によると，コーチェラバレー地区では，カリフォルニア大学リバーサイド校を中心とした研究機関がWマーコットやゴールドナゲットなど5種類の特産柑橘の乾燥地域での栽培適性について実証研究を進めており，タンジェリン系の特産柑橘の生産は増加すると予想されている。

90）レモンは温暖な気候を求める品種であるため，寒波の被害を受けにくい南CA地域の方が適しているが，中でもベンチュラ郡では気温の年較差が極めて小さいことから1年に複数回収穫でき，特に品薄で相場が高騰しやすい夏期の販売は他郡に対して大きなアドバンテージになっている。

第6章

91）地中海性気候下にあるサクラメントバレーでは夏期の降水が期待できないため，冬期の降水を上流域のダムにどれだけ蓄えられるかで当該年の水田可耕面積が規定されるが，1980年代以降は環境破壊に繋がるとしてダム建設は行われていない。このため，1991〜1992年には市況が回復しつつある中でも干ばつの影響で農業用水の供給に制限が加えられ，作付拡大は阻害された（八木，1992）。また，水資源の乏しさが，排水性が悪く他の農作物の栽培に適さない重粘土地帯で優先的に稲作が行われてきた歴史と関係している。

92）米国の米栽培面積は，輸出の回復に先駆けて1980年代後半から増加基調になり，1990年代末以降は概ね300万エーカー台の高位安定の状態にある。これは，アジア系・ヒスパニック系移民の増加や健康志向，簡便な米商品の普及などを背景に国内消費が拡大しているからで（Batres-Marquez et al., 2009），近年はタイのジャスミン種やインドのバスマティ種など高品質な長粒米を中心に輸入量も増加している（Childs and Livezey, 2006）。

93）1980年代半ばの生産量の急減は，韓国をはじめとするアジア諸国への輸出減と米価の下落によるところが大きく，大量の在庫を抱えて減反政策を取らざるを得なくなった（八木，1992）。

94）水資源の制約がCAにおける米栽培の上限を規定していることは八木（2010），

小沢（2012），伊東（2015）でも指摘されている。また，筆者が精米業者に聞き取り調査をした際も，「水がないので60万エーカーが限界である」「ダムの新設は以前から要望しているが実現していない」との回答があった。

95）CAでは，1912年にビュート郡南部に設置されたRESが中心となって品種開発が行われており，その資金は米販売量に応じた生産者への賦課金で賄っている（八木，2010）。そこで最重視されてきたのは収量の高さと耐寒性で，次いで収穫時に倒伏しにくい短稈性，灌漑が短期で済む早生系の品種の開発であった（California Rice Research Board, 2009, 2014）。

96）1979年以降にRESで開発されたうるち米には通常，アルファベット1文字と3桁の数字が付された名称が与えられる。アルファベットのSは短粒米，Mは中粒米，Lは長粒米を意味し，数字の上1桁の1は極早生，2は早生，3は中生，4は晩生を，下2桁はリリース順を意味している。すなわち，M209は1979年以降に9番目にリリースされた早生の中粒米という意味である。この命名法の定着で，生産者は必要とするタイプ（短〜長粒米）と熟期（極早生〜晩生）の米品種のリリース情報を容易に得られるようになり，自農地の条件を活かした合理的な経営に繋げられるようになった。

97）日本品種の面積の記載は2012年以降なくなったが，2015年の短粒米の「その他」の数値は8,358エーカーである。

98）当時は欧州・東南アジアに加えて，短粒米市場としてプエルトリコ・グアムなどが貴重だったが，いずれも小さく不安定なものだった（八木，1992）。

99）カルローズはRESで開発された品種であり，CA以外での栽培は認められていない（伊東，2015）。このため，ARでは従来からある食味的には長粒米に近い中粒米が主に加工向けに生産されている（Baldwin et al., 2011）。

100）米国では長らく減反政策の下で，価格保障のラインとして目標価格（Target Price, 農場価格で概ね1cwt当たり10ドル程度）を設定していたが，2007年以降の相場はこの基準を上回っている（**第6-4図**）。

101）例外的に期待できるものとして，「おにぎり」がある。ハンバーガーより低カロリーで満腹感が得られるファーストフードとして広まれば，冷めた後の食味で短粒米の方が評価される可能性がある。

102）例えば，マルカイ・ミツワ・ニジヤなどが，日系自動車メーカー関連で在留邦人が多い地域に多数出店しており，コシヒカリを筆頭に多様な日本品種の販売を行っている。また，現地資本ではゲルソンズ・ブリストルファームなど富裕層をターゲットとしたスーパーにも短粒米は置かれているが，主要な顧客は在留邦人や一部の韓国・中国系の富裕層に限られたままであると考えられる。このことは，短粒米商品の銘柄に日本語が採用されていることからもうかがえる。

103）1981年には，米・小麦・トウモロコシ以外の穀物等として，大麦・豆類・燕麦・ソルガム・甜菜・紅花などがユバ郡以外の5郡で広く栽培されていた。

104）Western Regional Climate Centerのデータによると，日最高気温が華氏90度を

超える時期が早いのはビュート郡西部とグレン郡・コルーサ郡・ヨロ郡の東部で，華氏90度を下回るのが遅いのはビュート郡とグレン郡西部であり，北部地域で比較的高温期が長い。

105) Western Regional Climate Centerのデータによると，夏季に向かう５月の降水量が少ないのはコルーサ郡とヨロ郡で，冬季に向かう10月の降水量が少ないのはグレン郡・コルーサ郡・ヨロ郡であり，西部地域で比較的乾季が長い。

106) 1944年創業のCA最大の精米業者で，バレー内全域に契約農場を持つFarmers' Rice Cooperativeでの聞き取りによる。

107) ビュート郡に本拠を置く精米業者での聞き取りによる。ただし，干ばつ時には水利条件にも左右されるため，2014 ～ 2015年はビュート郡が最も収穫が早かったという。

108) Rice Yearbookによると，2008年以降の良好な市場環境の下で，CAにおける短粒米と中粒米の精米所段階での価格差は数％でしかない。もっとも，筆者の2016年８月のロサンゼルスの日系スーパーでの視察では，コシヒカリの高価格帯とカルローズの低価格帯では２倍近い差があった。

109) CAにも，**第6-5表**に示したA社のように米生産者の出資による協同組合はある。しかし，業務の中心は米の集荷・販売であり，日本の農協のような営農指導や農機具・農薬・肥料の販売などは行っていない。また，A社は対日輸出実績が２位であり，僅かながらも自社ブランドで加工品開発を行っており，性格的には一般の精米業者に近いといえる。

110) 2015年に行ったFarmers' Rice Cooperativeでの聞き取りでは，A社・B社に次ぐ第３位の業者のシェアは概ね５％程度ということであった。

111) 鈴木（2009）によると，この方法による籾取引はCA全体の10％弱を占めており，生産者と卸売業者との相対取引で価格形成の基準にされている。

112) Cal Ag Trader.com（http://www.calagtrader.com/rice/info/）によると，2012年の対日MA輸出の落札業者は７社（上位３社のシェア60％）だったが，2014年には５社（同92％）となり寡占に近い状態にある。日本側の落札業者数も減少しており（川久保，2016a），価格形成における競争原理は働きにくくなっている。

113) RESでは現在，従来のような品種改良だけでは今後，著しい収量増は期待できないとして，遺伝学的な技術を用いた研究が行われている（2015 RES Progress Reportより）。

第８章

114) ここで「輸出量」ではなく「輸出額」を指標としたのは，高付加価値食品であっても敢えて低級品を大量輸入する国（例えば，1990年代の香港やマレーシア・シンガポール，メキシコ）があるため，そのような国の輸出市場としての地位が実態以上に高く示されてしまうのを避けるためである。

文献

相原和夫・中安　章（1992）：柑橘需要の変化と今後の方向，『農業と経済』58（14）：109-115.

浅川芳裕（2012）：『TPPで日本は世界一の農業大国になる―ついに始まる大躍進の時代―』KKベストセラーズ.

麻野尚延（1987）：『みかん産業と農協―産地棲みわけの理論―』農林統計協会.

安部新一（2004）：しほろ牛と食品スーパーとの産直取引への取組み―北海道と九州の南北を結ぶ産直取引事例―，『畜産の情報　国内編』174：6-17.

安部新一（2007）：未来めむろ牛（北海道）とスーパーマルナカ（四国）との産直取引，『畜産の情報　国内編』218：20-31.

荒木一視（2007）：商品連鎖と地理学―理論的検討―，『人文地理』59：151-171.

荒木一視（2017）：第2次フードレジームとインドの食料供給，『広島大学現代インド研究　空間と社会』7：19-35.

荒幡克己（2015）：『減反廃止―農政大転換の誤解と真実―』日本経済新聞社.

石田一喜（2020）：コロナ禍における人手不足の背景と対応―農業労働力および農業分野の外国人受入れを中心に―，https://www.nochuri.co.jp/genba/pdf/otr20200611.pdf（農林中金総合研究所）.

磯田　宏（1992）：オレンジ輸入自由化とみかん農業―農業保護政策後退下の再生産過程―（上），『佐賀大学経済論集』25（3）：1-31.

伊東健三（1984）：『農産物輸入自由化問題と日本農業―畜産・果樹経営の危機にどう対処するか―』筑波書房.

伊東正一（2008）：WTO合意における日本のコメ輸入，http://worldfood.apionet.or.jp/kokusai/Revised%20WTO.pdf.

伊東正一（2015）：国際ジャポニカ米の相場と日本産米の位置―円安と国内相場下落の中で―，（所収　伊東正一編『世界のジャポニカ米市場と日本産米の競争力』農林統計出版：3-36）.

井野隆一（1985）：『アメリカの食糧戦略と日本農業』新日本出版社.

江川久洋（1990）：販売業者から見たアメリカの米事情―カリフォルニア産米の流通・価格・食味を中心に―，『熱帯農業』34（2）：115-124.

遠藤　肇（1991）：特集・オレンジ自由化を迎え撃つ　座談会：ポスト自由化の果樹農業再編の方向，『果実日本』46（4）：32-35.

大賀圭治編（1988）：『米の国際需給と輸入自由化問題』農林統計協会.

大塚　茂（2005）：『アジアをめざす飽食ニッポン―食料輸入大国の舞台裏―』家の光協会.

大塚　茂・松原豊彦編（2004）：『現代の食とアグリビジネス』有斐閣.

小栗克之・飯田　隆・杉山道雄（1992）：国際食肉インテグレーションに関する考察
　―日本商社の米豪への進出形態―，『岐阜大農研報』57：149-156.

小澤健二・手塚　眞・立岩寿一ほか（2001）：日本の米輸入関税化にともなう高級ジ
　ャポニカ米の国際市場、国際取引の動向―アメリカ、ヨーロッパにおける高級ジ
　ャポニカ米の流通、取引の動向―，『先物取引研究』6（1）　No.10：1-50.

小沢健二（2012）：1990年代以降の世界の米貿易動向および米の国際市場の構造変化
　―日本の米輸出入をめぐる国際環境の変化にも焦点を当てて―，『農業研究』25：
　105-210.

加藤　彰・土肥洋一（1990）：牛肉は輸入自由化で安くなるか，『月刊Weeks』1990
　年10月号：86-97.

加藤信夫（2011a）：乳用種牛肉の一貫生産・販売システムについて（上）―北海道
　チクレン農業協同組合連合会の取り組み―，『畜産の情報　国内編』259：62-68.

加藤信夫（2011b）：乳用種牛肉の一貫生産・販売システムについて（下）―北海道
　チクレン農業協同組合連合会の取り組み―，『畜産の情報　国内編』260：64-70.

叶　芳和（1981）：『農業・先進国型産業論―日本の農業革命を展望する―』日本経
　済新聞社.

河相一成（1994）：コメ需給政策の抜本的転換が必要だ―その論拠と道理―，（所収『ど
　うするコメ―これだけの事実と論点―』農文協：22-41）.

河相一成（2000）：『恐るべき「輸入米」戦略―WTO協定から米と田んぼを守るため
　に―』農文協.

川久保篤志（1997）：オレンジ果汁自由化による農協系果汁工場の地域的再編成，（所
　収　石原照敏監修『国際化と地域経済―地域的再編成と地域振興の課題―』古今
　書院：46-59）.

川久保篤志（2006）：わが国における輸入自由化以後の生鮮オレンジ流通の変化，『経
　済科学論集（島根大学法文学部）』32：143-181.

川久保篤志（2007）：『戦後日本における柑橘産地の展開と再編』農林統計協会.

川久保篤志（2008）：1990年代以降のアメリカ合衆国カリフォルニア州における柑橘
　産地の変貌―日本のオレンジ輸入自由化と絡めて―，『人文地理』60：163-182.

川久保篤志（2010）：宮崎県高千穂町における肉用牛産地の成長と持続的発展への課
　題―2000年代初頭の和牛価格高騰期に注目して―，『地理科学』65：82-103.

川久保篤志（2011）：宮崎県日南市南郷町における和牛繁殖経営の大規模化と今後の
　振興課題，『地域地理研究』17：1-18.

川久保篤志（2016a）：TPP大筋合意と日本の稲作―輸入米と非主食用米の需給に絡
　めて―，『東洋法学』60（1）：31-61.

川久保篤志（2016b）：農業・農村と地方圏の未来，『地理科学』71：107-117.

川久保篤志（2017a）：米消費減退・輸入圧力下における非主食用米の増産と将来展
　望―米加工業者の原料調達と製品化に注目して―，『島根地理学会誌』50：23-38.

川久保篤志（2017b）：1990年代以降の米国カリフォルニア州の稲作の変化―日本の

米輸入とジャパニカ米需要の高まりに絡めて―，『地理学評論』90：607－624.

川久保篤志（2019）：攻めの農業とミカン輸出の振興課題―リンゴ・梨との比較を通じて―，『東洋法学』63（1）：171－208.

菊川貞巳（1992）：カリフォルニア米に輸出余力は乏しい―制約厳しい米国加州でのコメ生産―，『エコノミスト』70（54）：26－31.

菊地昌弥（2008）：『冷凍野菜の開発輸入とマーケティング戦略』農林統計協会.

北川博敏（1978）：カリフォルニアのオレンジ産業の危機と日本への影響，『農業および園芸』53：861－868.

北川博敏（1992）：世界のオレンジ生産・貿易と日本の輸入，『農業と経済』58（14）：25－33.

木下良智・安井　護（1991）：BREED PLAN　オーストラリアの品種改良，『畜産の情報　海外編』26：44－49.

慶田昌之（2015）：コメのSBS制度からみた輸入の可能性，『立正大学経済学季報』65（2）：53－78.

小島　清（1992）：コメの輸入自由化，『駿河台経済論集』1（2）：23－55.

後藤拓也（2013）：『アグリビジネスの地理学』古今書院.

小林信一（1991）：オーストラリアの牛肉産業と日本企業の進出，『大洋州経済』6：21－33.

小針美和（2013）：実需者との直接取引が増加する加工用米，『調査と情報（農中総研）』39：10－11.

米政策研究会編（1991）：『コメ輸入自由化の影響予測』富民協会.

（財）中央果実基金（1991）：『米国カリフォルニア－アリゾナ地域における柑橘類の生産・流通事情調査報告書』（財）中央果実基金.

（財）中央果実基金（1998）：『米国の農業一般並びにカリフォルニア州の柑橘農業に関するデータブック』（財）中央果実基金.

（財）中央果実基金（2003）：『米国における果実の消費拡大に向けた取り組み状況調査報告書』（財）中央果実基金.

斎藤高宏（1992）：『わが国食品産業の海外直接投資―グローバル・エコノミーへの対応―』筑波書房.

斎藤丈士（2003）：北海道の大規模稲作地帯における農地流動と農家の階層移動―北空知地方・沼田町の事例を中心として―，『経済地理学年報』49（1）：19－40.

斎藤丈士（2007）：鶴岡市藤島地域における大規模稲作経営の展開と特性，『地理学評論』80：427－441.

齊藤文信（2015）：海外日本食レストランにおけるジャパニカ米の利用実態―タイ・バンコクと米国・ロサンゼルス郡での事例―，（所収　伊東正一編『世界のジャパニカ米市場と日本産米の競争力』農林統計出版：95－109).

佐伯尚美（2003）：米輸入問題の総点検，『農業研究』16：17－133.

佐貫　洋（2005）：カリフォルニア米の生産コストと採算，『輸入食糧協議会報』

674：59-65.

篠浦　光（1992）：カリフォルニアの米作農場と米作地帯の動向―1982年および1987年農業センサス結果の対比を中心に―，『農業総合研究』45（4）：75-122.

柴田明夫（2012）：『食糧危機にどう備えるか―求められる日本農業の大転換―』日本経済新聞出版社.

島田克美・下渡敏治・小田勝己ほか編（2006）：『食と商社』日本経済評論社.

白石義明（2003）：ファーストフードから加工食品まで　台頭するカリフォルニア米製品　FRCのご飯戦略，『総合食品』26（12）：58-60.

進藤賢一（1985）：国際化と肉牛生産地域の変化―大規模畜産基地，北海道を中心に―，『経済地理学年報』31：271-292.

鈴木浩太郎（1992）：産地の現状と安定経営への道，『農業と経済』58（14）：87-93.

鈴木貴裕（2009）：カリフォルニア米産業における米取引所の新たな機能，『農林業問題研究』175：282-287.

鈴木　稔（1997）：急増する豪州の生体牛輸出，『畜産の情報　海外編』95：56-65.

鈴木　稔・石橋　隆（1995）：豪州の飼料作物生産と牛肉産業，『畜産の情報　海外編』70：62-79.

鈴木　稔・石橋　隆（1997）：豪州牛肉産業の構造改革の現状と展望―激動の96年をふりかえって―，『畜産の情報　海外編』88：38-53.

高橋栄一（1997）：牛肉輸入自由化による産地の変貌―群馬県榛東村を事例として―，（所収　石原照敏監修『国際化と地域経済―地域的再編成と地域振興の課題―』古今書院：32-45）.

高柳長直（2006）：『フードシステムの空間構造論―グローバル化の中の農産物産地振興―』筑波書房.

田代洋一（1987）：『日本に農業はいらないか』大月書店.

田代洋一編（1994）：『論点　コメと食管―自由化は絶対か―』大月書店.

立岩寿一（2002）：アメリカにおけるジャポニカ米流通の現状と価格変動，『農村研究』94：71-81.

田中信成（1982）：難しい牛肉・オレンジの自由化　「生産」に理解乏しい唯是論文に反論する，『エコノミスト』60（53）：36-42.

谷口信和（2016）：飼料用米等の活用を通じた日本型畜産構築の歴史的意義―TPP「大筋合意」に抗して―，（所収　農文協編『TPP反対は次世代への責任』農山漁村文化協会：83-89）.

田牧一郎（2003）：カリフォルニアの稲作経営とコメ産業（含　討議），『農業構造問題研究』2003（2）：6-57.

淡野寧彦（2016）：北東北における飼料用米の活用による耕畜連携の進展とその意義―「日本のこめ豚」事業を事例に―，『地理空間』9：21-43.

茅野甚治郎（1992）：牛肉自由化と乳雄肥育の経済条件，『農業と経済』58（14）：74-86.

辻井　博 (1994)：コメはガットの外に置くべきだ，(所収　農文協編『どうするコメ—これだけの事実と論点—』農文協：5‐21).

辻村英之 (2004)：『コーヒーと南北問題—「キリマンジャロ」のフードシステム—』日本経済評論社.

倪　鏡 (2012)：中国の米生産と消費動向について—急速な進展を見せる「ジャポニカ米化」—，『JC総研研究員レポート』2012年7月：1‐9.

姚　国利 (2015)：『食をめぐる日中経済関係—国際経済学からの検証—』批評社.

豊田　隆 (2001)：『アグリビジネスの国際開発—農産物貿易と多国籍企業—』農山漁村文化協会.

中窪啓介 (2017)：フィリピンにおける輸出向け高付加価値食品の産業化と産地開発—生鮮マンゴーを事例として—，『人文論究』67 (1)：125‐160.

中野一新編 (1998)：『アグリビジネス論』有斐閣.

長澤真史 (1992)：牛肉自由化と市場再編，『農政調査時報』383：21‐29.

新山陽子 (1988)：牛肉自由化にどう対応するか—国内生産振興の方向—，『農業と経済』54 (6)：41‐51.

新山陽子 (1998)：中山間地の畜産と地域農業の活性化，(所収　農政調査委員会編『中山間地域における畜産振興』農政調査委員会：6‐14).

日本興行銀行調査部編 (1989)：産業の動き　本丸に迫る農産物輸入自由化—牛肉・オレンジ輸入自由化と関係業界の動き—，『IBJ』89 (8)：17‐38.

日本食肉協議会 (1990)：『日本の牛肉輸入自由化を控えた豪州における対日輸出拡大に向けた動き』日本食肉協議会.

日本貿易振興機構農林水産部 (2010)：『米国における日本食レストラン動向』日本貿易振興機構.

農産物市場研究会編 (1990)：『自由化にゆらぐ米と食管制度』筑波書房.

長谷川　敦・南正覚康人 (1993)：豪州の肉牛生産構造—近年の変化と繁殖部門の成り立ち—，『畜産の情報　海外編』46：50‐75.

服部信司 (1988)：『日米経済摩擦と日本農業』富民協会.

服部信司 (1991)：アメリカの米—生産事情と対日交渉—，(所収　食料・農業政策研究センター編『アメリカの米と日本の米』農山漁村文化協会：145‐193).

服部信司 (1992)：輸出国の輸出戦略—牛肉を中心として—，『農業と経済』58 (14)：34‐41.

速水佑次郎 (1992)：ドンケル案を日本農業再生に活かせ—コメ関税化後に選ぶべき道—，『エコノミスト』70 (54)：18‐21.

引地和明・石橋　隆 (1994)：90年代の豪州牛肉産業と対日輸出，『畜産の情報　海外編』63：56‐102.

引地和明・安井　護 (1992)：豪州フィードロット産業の進むべき道，『畜産の情報　海外編』36：36‐46.

引地和明・安井　護 (1993)：生産費調査から見た豪州の肉牛経営，『畜産の情報

　　海外編』48：54－70.

藤谷築次・武部　隆（1983）：オレンジ自由化の衝撃は大きい　外交取引の材料にし
　　てよいのか，『エコノミスト』61（3）：40－47.

冬木勝仁（2003）：『グローバリゼーション下のコメ・ビジネス―流通の再編方向を
　　探る―』日本経済評論社.

堀口健治・豊田　隆・矢口芳生ほか（1993）：『食糧輸入大国への警鐘』農山漁村文
　　化協会.

松江勇次（2015）：外国産ジャポニカ米の食味官能試験による格付け評価システムの
　　構築―中国人とアメリカ人のジャポニカ米品種の食味に対する嗜好性―，（所収
　　伊東正一編『世界のジャポニカ米市場と日本産米の競争力』農林統計出版：129－
　　150）.

松村祝男（1979）：外国産果実の輸入動向と果樹生産地に現われた変容の一側面につ
　　いて，『千葉商大論叢』16（4）：1－35.

宮下柾次・三田保正・三島徳三ほか編（1991）：『経済摩擦と日本農業』ミネルヴァ
　　書房.

宮田育郎（1985）：豪州の牛肉貿易，『鹿児島大学農学部学術報告』35：253－270.

宮田育郎（1990）：オーストラリアの牛肉貿易政策と日本企業の進出，『農産物市場
　　研究』31：26－34.

宮田剛志（2010）：モデル対策下の飼料用米・飼料稲の到達点と課題，『農業と経済』
　　76（13）：29－39.

武者小路公秀・佐々木敏夫・梶井　功ほか（1991）：『国際化と食糧安全保障―日本
　　の選択と役割―』家の光協会.

村田　武監修（2001）：『中国黒竜江省のコメ輸出戦略―中国のWTO加盟のもとで―』
　　家の光協会.

森　宏（1992）：自由化前後における牛肉輸入の推移，『農業と経済』58（14）：18－
　　24.

守　誠（1983）：『ドキュメント日米レモン戦争』家の光協会.

森島　賢（1992a）：構造変革迫られる牛肉生産，『農業と経済』58（14）：52－57.

森島　賢（1992b）：「関税化」でなく「例外化」を―真の「国際協調」を見誤っては
　　ならない―，『エコノミスト』70（54）：22－25.

八木宏典（1992）：『カリフォルニアの米産業』東京大学出版会.

八木洋憲（2010）：カリフォルニアにおける大規模水稲作をとりまく状況と農業経営
　　の対応，『共済総合研究』58：42－74.

安井　護・和田　剛（2005）：最新豪州牛肉事情―フィードロットの動向を中心に―，
　　『畜産の情報　海外編』190：62－70.

山﨑誠三（1995）：『コメ2001―自由化への道―』日刊工業新聞社.

山下一仁（2016）：『TPPが日本農業を強くする』日本経済新聞出版社.

山下光次（1992）：オレンジ果汁自由化と国産果汁対策，『農業と経済』58（14）：

149 – 155.

唯是康彦（1982）：牛肉・オレンジも自由化できる　輸入の拡大こそ必要な時期，『エコノミスト』60（49）：10 – 16.

若本啓子（1999）：牛肉輸入自由化後の岩手県における肉用牛飼養の地域的変動，『地域地理研究』4：62 – 75.

バーンスタイン，H. 著，渡辺雅男監訳（2012）：『食と農の政治経済学—国際フードレジームと階級のダイナミクス—』桜井書店.

フリードマン，H. 著，渡辺雅男・記田路子訳（2006）：『フード・レジーム—食料の政治経済学—』こぶし書房.

レーン　ダニエル　ジェイムズ・杉山道雄・小栗克之ほか（1997）：WTO体制下豪州産牛肉産業の販売戦略—米国産牛肉との比較—，『岐阜大農研報』62：57 – 63.

ABARE（2006）："Australia's beef cattle industry"*Year Book Australia 2005*, :471 – 478.

Baldwin, K., Dohlman, E. and Childs, N. et al（2011）：*Consolidation and structural change in the U. S. rice sector*, KCS-11d-01. U. S. Department of Agriculture.

Batres-Marquez, S. P., Jensen, H. H. and Upton, J.（2009）："Rice consumption in the United States：recent evidence from food consumption surveys", *Journal of the American Dietetic Association*, 109：1719–1727.

Bond, J. K., Carter, C. A. and Sexton, R. J.（2009）："A study in cooperative failure：lessons from the Rice Growers Association of California", *Journal of Cooperatives*, 23：71–86.

California Rice Research Board（2009）："Forty years of research has helped secure the viability of California rice", *40th Annual Report*: 4–7.

California Rice Research Board（2014）："Rice Breeding Program", *45th Annual Report*: 4–11.

California Rice Commission（2016）：*California rice environmental sustainability report*, California Rice Commission.

Chappell, G.（1995）："Cattle quality: The future for lotfeeding", *ALFA LOTFEEDING*, October: 12–16.

Chao, C. T. and Doty, J.（2002）："Opening the U.S. Citrus Market Window: Valencias Getting You Down? Consider Some Alternatives", *Citrograph Magazine*, 87（1）：8–11.

Childs, N. and Baldwin, K.（2010）：*Price spikes in global rice markets benefit U.S. growers, at least in the short term*, U. S. Department of Agriculture Economic Research Service. https://www.ers.usda.gov/amber-waves/2010/december/price-spikes-in-global-rice-markets-benefit-us-growers-at-least-in-the-short-term/.

Childs, N. and Livezey, J.（2006）：*Rice Backgrounder*, RCS-2006-01. U. S. Department of Agriculture.

226

Coyle, W. T. (1986) : *The 1984 U. S.-Japan Beef and Citrus Understanding: An Evaluation*, USDA Economic Research Service (Foreign Agricultural Economic Report No.222) .

Etaferahu, T. (1993) : *California and Arizona Oranges: Acres and Production Trends, Cost and Returns*, Cooperative Extension University of California (Leaflet 2355) .

Francis, P. (1997) : "Improvement the mission for Rangers Valley", *ALFA LOTFEEDING*, February: 16–18.

Gannon, R. C. (1994) : "Top varieties developed at CA research station", *Rice Journal*, 97 (4) : 10–11.

Jussaume, R. A. (1996) : "Agricultural trade, firms and the state: extrapolations from the case of Japanese beef imports", *International Journal of Sociology of Agriculture and Food*, 5: 66–84.

Kahn, T. L. and Chao,C. T. (2004) : "Mysteries of Mandarins: Sex, Seedlessness, and New Varieties", *California Citrus Mutual Journal*: 26–31.

Kallsen, C. (2003) : "Bees and Mandarins - The New Range War?", *Topics in Subtropics Newsletter*, 1–1 (University of California Cooperative Extension) : 4–5.

Livezey, J. and Foreman, L. (2004) : *Characteristics and production costs of U. S. rice farms*, Statistical bulletin No.974–7. U. S. Department of Agriculture.

Mauk, P. A. (2004) : "Mandarin Variety Trial for the Coachella Valley", *Annual Report 2003-2004* (Cooperative Extension County of Riverside) : 14.

Mauk, P. A., Bier, O. and Kahn, T. L. (1996) : "When Planning for New Acreage, Consider Mandarins", *Citrograph Magazine*, 82 (1) : 6–10.

Morison, J. B. (1993) : *FDI and other contractual arrangements in the Australian beef industry: the Japanese response to domestic market liberalization*, Australia-Japan Research Centre Pacific Economic Papers 225.

Oro, K. and Pritchard, B. (2010) : "The evolution of global value chains : The displacement of captive upstream investment in the Australia-Japan beef trade", *Journal of Economic Geography*, 11 (4) : 709–729.

Pollack, S. L., Lin, B. and Allshouse, J. (2003) : *Characteristics of U. S. Orange Consumption*, USDA Economic Research Service.

Porges, A. (1994) : "Japan: Beef and Citrus" In Bayard, T.O. and Elliott, K.A. eds *Reciprocity and Retaliation in U.S. Trade Policy*, Institute for International Economics: 233–266.

Pritchard, B. (2005) : "The world steer revisited : Australian cattle production and the Pacific Basin beef complex", In Fold, N. and Pritchard, B. eds. *Cross-continental food chains*, London: Routledge: 239–253.

Reynolds, R., Shaw, I. and Lawson, K. et al (1994) : *North Asian Markets for Australian Beef*, ABARE Research Report 94.1.

Riethmuller, P. and Smith, D. (1992) : "The Australian beef cattle industry", *The Journal of Australian Studies*, 18: 65–88.

Roberts, J. (1994) : "Japan market opens for U.S. rice producers", *Rice Journal*, 97 (2) : 10–11.

Sakovich, N. (1996) : "Varieties Make Mandarins a Versatile Crop", *California Grower*, 20 (2) : 20–22.

Sumner, D. A. and Lee, H. (1996) : *Economic prospects for the California rice industry*, California Rice Promotion Board.

Ufkes, F. M. (1993) : "Trade liberalization, agro-food politics and the globalization of agriculture", *Political Geography*, 12 (3) : 215–231.

University of California Agricultural Issues Center (1994) : *Maintaining the competitive edge in California's rice industry*, Competitive edge report 3. University of California Agricultural Issues Center.

Ward, R. W. and Kilmer R.L. (1989) : *The Citrus Industry: A Domestic and International Economic Perspective*, Iowa State University Press.

Warner, M. (1998) : "Strong Market for Large Sizes", *Citrograph Magazine*, 84 (1) : 7–8.

Witney, G. (1995) : "Grapefruit Industry Blues" *California Grower*, 19 (6) : 18–19.

Young, L. M. and Shesles, T.C. (1991) : "Foreign investment in the Australian beef industry", *Agriculture and Resources Quarterly*, 3 (1) : 66–75.

あとがき

　今振り返れば，筆者が海外の企業的な大規模農業に関心を寄せるきっかけと
なったのは，1982年に放送された「NHK特集　日本の条件　食糧」で米国の
センターピボット農法やハイブリットコーンの開発など，いわゆる「農業の産
業化」のシーンを見た時だと思う。また，農産物貿易に関心を寄せるようになっ
たのは，1980年代末の日米農産物交渉で日本が一方的に譲歩し，牛肉・オレ
ンジの自由化に至った頃だと思う。そういうこともあり，卒業論文（1988年度）
では米国の大規模農業の姿を空想しながらも，生産過剰下の国内柑橘農業の産
地間競争の実態について考察した。

　その後の10年間は，岡山県の高校で教鞭をとることになったが，その間に
オレンジの輸入自由化の影響も念頭に置きつつ国内柑橘産地の多様な展開・再
編について研究を深め，それが後に博士論文となった。そして，大学に職を得
てからは海外調査にも赴き，ようやくアグリビジネスとしての大規模農業を目
の当たりにした。また，研究対象も肉用牛や米の産地に広げ，それが本書の骨
格となった。

　以上のように，自分ではこれまで農産物貿易のグローバル化を軸に一連の研
究をしてきたつもりであったが，既に30年以上が経過している。調査時や論
文執筆時には，現在進行形の重要課題に取り組んでいるつもりだったが，冷静
に考えれば本書はもはや現代史研究の感があるかもしれない。また，その意味
で振り返れば，博士論文をもとにした前作『戦後日本における柑橘産地の展開
と再編』（農林統計協会，2007年）は，柑橘農業を通じて戦後の高度経済成長
期とその後の時代を描いたものといえ，本書は，バブル景気の崩壊を経て日本
経済のプレゼンスが低下する中で，日本の消費市場が世界の農産物輸出国に対
して果たしてきた役割の変化を描いたものといえる。もう少し早く世に問うこ
とができていれば，本書も未来志向の書と受け止めてもらえたかもしれない。
この点は大きな反省点である。

　さて，本書の執筆においても，現地調査等で大変多くの皆様に紙面では言い

尽くせないほどのご協力とご好意をいただきました。ますます余裕のない世の中になる中で，貴重な時間を取らせたことと存じます。感謝の念に堪えません。

　国内調査では，肉用牛・柑橘・米に関する予備知識を業界団体の皆様からご教示いただき，産地に出向いた際には農協や自治体の皆様から基礎的な資料と地元情報をいただきました。果汁工場や米菓・米粉工場，飼料工場での見聞も目から鱗が落ちるような経験でしたし，頂戴した製品サンプルは家族で美味しくいただきました。そして，何よりも農家の皆様には貴重な昼休みの時間帯に長時間をお割きいただき，農牧業経営の実情を教えていただきました。会食に誘っていただいたこともいい思い出です。心より感謝申し上げます。

　海外調査では，輸入農産物との接点として貿易業務に携わる商社の皆様に市場開放前後での流通の変化についてお話いただき，日本に販売促進の事務所を置く米国・豪州の業界団体からは海外産地の情報ならびにアクセスの仕方についてご教示いただきました。また，現地調査では農場・牧場および選果場や精米所，フィードロットの視察や聞き取りなどで多くの企業の皆様から便宜を図っていただきました。拙い語学力の筆者にとってどれだけ心強かったかしれません。重ねてお礼申し上げます。

　フィールドワークは地理学の重要な研究方法の1つであり，楽しみでもあります。本書に関わる現地調査でも，改めてその醍醐味を知った気がしました。北海道では，巨大な肉用牛畜舎の周りに広がる広大な牧草地やデントコーン畑を見て，本州との違いを実感しました。愛媛県では，全国的には稀な扇状地上の柑橘園を見ましたが，部分的に耕作放棄され，廃園化している現状を知った時は心が痛みました。新潟県では，収穫直前の時期に訪れたせいか田んぼのコシヒカリの多くが倒伏しており，米国の農家が日本品種を好まない理由の1つがまさに理解できました。

　豪州では，内陸部の果てしなく続く道路は圧巻でしたし，緑というよりは茶色の樹木が生い茂っている姿は「乾燥大陸」の1つの姿なのかとも思ってしまいました。シドニーのレストランでは当時留学中の大呂興平先生（大分大学）と日系企業が肥育したアンガス牛のステーキを食し，和牛とは違う美味しさを堪能できたことはいい思い出です。カリフォルニアでは，サンワキンバレーの広大で平坦な農地に果てしなく続くオレンジ畑に圧倒され，「憧れの地」によ

うやく立った喜びをかみしめました。選果場では多くのヒスパニック労働者がいて，低コスト経営の源泉を知った気がしました。また，UC Riverside では，Tracy Kahn 教授に Citrus Variety Collection を案内していただき，米国では日本以上にマンダリン類の開発に注力している現状を知りました。サクラメントバレーでは，黒い重粘土地帯に広がる果てしない水田風景をしばし眺めた後，近づいてよく見ると確かに茎は太く背は低い中粒種の稲と分かり，不思議な気持ちになりました。Rice Experiment Station では，研究圃場の見学を通じて品種開発の方向性について学び，現地の農家がカルローズを愛してやまない雰囲気を知りましたし，国内のシンポジウムで大変お世話になった伊東正一先生（九州大学名誉教授）にその場でお会いできたことも楽しい思い出です。また，ロサンゼルスの飲食店では日本食ブームの象徴でもある寿司のランチを食しましたが，中粒種のメニューもこれはこれで美味しいと感じました。

　このほかにも，本書の執筆の原動力となったのは，日頃の学会活動でお世話になり，また多くの刺激をいただいている大学関係者の皆様であることは言うまでもありません。個々の紹介はできませんが，厚くお礼を申し上げると同時に，今後もご指導，ご鞭撻の程，よろしくお願いします。

　さて，本書のキーワードもしくは研究の根本にあるのは食料安全保障である。もちろん，これは筆者が 1980 年代後半の円高下で国論が二分されながらも農産物輸入が急増した時期に研究の緒に就いたことが大きく関わっている。幸いにして，日本では海外産地の凶作による食料不足問題は，戦後は生じていない。しかしそれは，日本に食料を十分に輸入するだけの経済力があり，かつ米の自給率が 100％を超えているからである。「食料安保は輸入先の多様化で達成できる」「自給率は低くて構わない」という意見が研究者の間でもあるが，現在のコロナ禍はそのような楽観論の再考を促す機会になりうるだろう。なぜなら，コロナ禍は自然災害による生産減（価格高騰）ではなく，国際協調の乱れや労働力の移動制限という，これまで想定してこなかった事態を生み出しているからである。コロナ禍が生み出す混乱が，今後の食料のグローバルチェーンにどのような影響を及ぼすのか。一刻も早い収束を願うものの，長期的な視点で日

本がこれにどう対処するのか考える必要がある。

　なお，大幅に加筆修正している部分もあるが，本書で事例研究にあたる第1部（第1章～第3章）と第2部（第4章～第6章）は，以下の単著論文をもとに記述している。

第1章：牛肉輸入圧力下の肉用牛産地の存立構造と将来展望―輸入自由化以降の北海道十勝地方を事例に―，『人文地理』66：209 － 230，2014年.

第2章：オレンジ果汁輸入自由化による産地の変貌―愛媛県周桑郡丹原町を事例に―，『人文地理』48：28 － 47，1996年.

第3章：TPP大筋合意と日本の稲作―輸入米と非主食用米の需給に絡めて―，『東洋法学』60（1）：31 － 61，2016年.

第4章：1990年代以降の豪州における肉用牛・牛肉生産の立地変動―日本の牛肉輸入自由化に絡めて―，『経済地理学年報』59：310 － 327，2013年.

第5章：1990年代以降のアメリカ合衆国カリフォルニア州における柑橘産地の変貌―日本のオレンジ輸入自由化と絡めて―，『人文地理』60：163 － 182.

第6章：1990年代以降の米国カリフォルニア州の稲作の変化―日本の米輸入とジャポニカ米需要の高まりに絡めて―，『地理学評論』90：607 － 624.

　また，本書の刊行に際しては，昨今の厳しい出版事情の中，代表取締役の鶴見治彦様をはじめとする（株）筑波書房の皆様に大変お世話になりました。厚くお礼申し上げます。

　最後に私事ではあるが，ストレスのかかるコロナ禍の日常においても，日々笑顔を絶やさず私の健康を気遣ってくれている妻の量子にも感謝したい。

　2020年10月　東京ドームとスカイツリーが望める東洋大学白山キャンパスの研究室にて

川久保　篤志

著者紹介

川久保 篤志（かわくぼ あつし）

東洋大学法学部 教授
専門分野：人文地理学

略歴：
1966年 和歌山県海南市生まれ。岡山大学文学部卒，同大学院文化科学研究科
単位取得退学，岡山県公立高等学校教諭，島根大学法文学部准教授・教授を
経て現職。博士（文学，広島大学）。

主要業績：
『戦後日本における柑橘産地の展開と再編』農林統計協会，2007年。
『グローバル化に対抗する農林水産業』（共著）農林統計出版，2010年。
『瀬戸内レモン —ブームの到来と六次産業化・島おこし—』渓水社，2018年。

農産物市場開放と日本農業の進路

牛肉・オレンジ・米，GATTウルグアイラウンドからTPPへ

Trade Liberalization of Agricultural Products and Future of
Agriculture in Japan: Beef, Oranges and Rice, from GATT
Uruguay Round to TPP

2021年3月3日　第1版第1刷発行

著　者　川久保 篤志
発行者　鶴見 治彦
発行所　筑波書房
　　　　東京都新宿区神楽坂2−19 銀鈴会館
　　　　〒162−0825
　　　　電話03（3267）8599
　　　　郵便振替00150−3−39715
　　　　http://www.tsukuba-shobo.co.jp
定価はカバーに示してあります

印刷／製本　中央精版印刷株式会社
©2021 Atsushi Kawakubo Printed in Japan
ISBN978-4-8119-0591-4 C3033